ISBN 978-3-540-03802-3   ISBN 978-3-540-34938-9 (eBook)
DOI 10.1007/978-3-540-34938-9

Die Fortschritte der chemischen Forschung

erscheinen zwanglos in einzeln berechneten Heften, die zu Bänden vereinigt werden. Ihre Aufgabe liegt in der Darbietung monographischer Fortschrittsberichte über aktuelle Themen aus allen Gebieten der chemischen Wissenschaft. Die „Fortschritte" wenden sich an jeden interessierten Chemiker, der sich über die Entwicklung auf den Nachbargebieten zu unterrichten wünscht.

In der Regel werden nur angeforderte Beiträge veröffentlicht, doch sind die Herausgeber für Anregungen hinsichtlich geeigneter Themen jederzeit dankbar. Beiträge können in deutscher, englischer oder französischer Sprache veröffentlicht werden.

Es ist ohne ausdrückliche Genehmigung des Verlages nicht gestattet, photographische Vervielfältigungen, Mikrofilme, Mikrophoto u. ä. von den Heften, von einzelnen Beiträgen oder von Teilen daraus herzustellen.

Herausgeber:

Prof. Dr. *K. Hafner* Institut für Organische Chemie der Technischen Hochschule, 6100 Darmstadt, Schloßgartenstraße 2

Prof. Dr. *E. Heilbronner* Institut für Organische Chemie der Universität, CH-8006 Zürich, Universitätsstraße 6

Prof. Dr. *U. Hofmann* Institut für Anorganische Chemie der Universität, 6900 Heidelberg, Tiergartenstraße

Prof. Dr. *Kl. Schäfer* Institut für Physikalische Chemie der Universität, 6900 Heidelberg, Tiergartenstraße

Prof. Dr. *G. Wittig* Institut für Organische Chemie der Universität, 6900 Heidelberg, Tiergartenstraße

Schriftleitung:

Springer-Verlag Berlin Heidelberg GmbH

Inhalt

9. Band, 2. Heft

Ferrocen als Grundbaustein der makromolekularen Chemie

Dr. H.-J. Lorkowski

Institut für Organische Hochpolymere der Deutschen Akademie der Wissenschaften zu Berlin

Inhalt

1. Einleitung

Die technische Entwicklung ist im 20. Jahrhundert vor allem durch die stürmisch steigende Kunststoffproduktion gekennzeichnet, so daß oft von einem Zeitalter der Kunststoffe gesprochen wird. Die relativ niedrige Temperaturstabilität der organischen Hochpolymeren schränkt jedoch ihren Anwendungsbereich noch stark ein; eine Verwendung oberhalb 200° C ist im allgemeinen noch nicht möglich.

Es sind daher in vielen Ländern Arbeiten mit dem Ziel begonnen worden, sog. „gemischt anorganisch-organische" Polymere herzustellen, weil z.B. durch Chelatbildung organischer Liganden mit Metallatomen die Stabilität der erhaltenen Verbindungen stark erhöht wird und größer als die der im Molekül enthaltenden organischen Gruppen sein kann. (So ist Kupferphthalocyanin in Stickstoffatmosphäre bei 570° C unzersetzt sublimierbar.)

Die Entwicklung von Polymerketten, die *Metallatome* enthalten, erscheint also in bezug auf die Steigerung der Temperaturstabilität von Kunststoffen sehr aussichtsreich.

Die Forschung über Polymere mit anorganischen Komponenten ist aber nicht nur für die Synthese von hochtemperaturbeständigen Stoffen wertvoll, es können auch spezielle Katalysatoren, organische Halbleiter, besonders strahlungsresistente Polymere für die Weltraumfahrt, Ionenaustauscher- und Elektronenaustauscherharze entwickelt werden.

Von zahlreichen Arbeitskreisen wurde in den letzten 10 Jahren das Ferrocen als Ausgangsverbindung für die Synthese metallorganischer Monomerer und Polymerer gewählt, was auf folgende Eigenschaften des Ferrocens zurückzuführen ist:

a) Es ist sehr temperaturstabil

b) Es ist luft-, säure- und laugenresistent

c) Es ist wegen seines aromatischen Charakters elektrophil relativ leicht substituierbar

d) Wegen der Anwesenheit zweier Ringe in einem Molekül ist die Möglichkeit zur elektrophilen Disubstitution größer als beim Benzol. (So ist z.B. das Diacetylferrocen wesentlich leichter durch Acylierung nach *Friedel—Crafts* zugänglich als das Diacetylbenzol.)

e) Es ist leicht und aus billigen Ausgangsprodukten herstellbar (Cyclopentadien ist sowohl auf Steinkohlenteer- als auch auf Erdölbasis in großen Mengen zugänglich).

f) Das Ferrocen ist reversibel zum Ferrocinium-Ion oxydierbar:

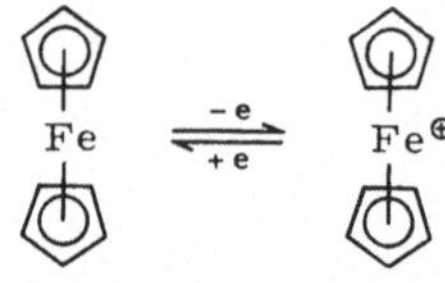

Das Redoxsystem Ferrocen-Ferrocinium-Ion eröffnet die Möglichkeit zur Herstellung von Elektronenaustauscherharzen. Außerdem ergeben sich aus der reversiblen Oxydierbarkeit Perspektiven für die Verwendung als Katalysatorkomponente bei Redoxpolymerisationen.

g) Wegen der intensiven UV-Absorption des Ferrocen-Ringsystems ist die Anwendung als UV-Absorber möglich.

h) Durch den Einbau des Ferrocens in Polymere mit konjugierten Doppelbindungen können organische Halbleiter hergestellt werden, die nicht nur p-, sondern auch d-Elektronen enthalten. Wenn man in Betracht zieht, daß $d\pi$-Orbitals eine größere räumliche Symmetrie als $p\pi$-Orbitals besitzen, kann man annehmen, daß bei solchen Verbindungen ein bemerkenswerter Delokalisierungsgrad der Elektronen sogar bei fehlender Koplanarität vorhanden ist.

2. Ferrocenderivate als Ausgangsprodukte für Polymersynthesen

Das Ferrocen bietet infolge seiner vielseitigen Substituierbarkeit zahlreiche Möglichkeiten zur Synthese von Derivaten, die als Ausgangsprodukte für die Herstellung von Makromolekülen geeignet sind. Es sind daher schon alle Reaktionstypen, die in der makromolekularen Chemie bekannt sind, zur Gewinnung von Ferrocenpolymeren herangezogen worden.

Polymerisationen, Polykondensationen, Polyadditionen und Polyrekombinationen wurden (mit Ferrocenderivaten) durchgeführt. Weiter sind Ferrocenpolymere durch Chelatbildung, durch Verknüpfung von Biscyclopentadienyl-alkanen mit Eisen(II)-chlorid sowie durch Kondensation von Ferrocenresten an schon vorgebildete (ferrocen-freie) Polymere hergestellt worden.

2.1. Polymerisationsreaktionen

Mit Hilfe von Polymerisationsreaktionen sind die ersten Ferrocenpolymeren überhaupt hergestellt worden.

Schon zwei Jahre nach Entdeckung des Ferrocens ließ sich *Haven* (*23*) die Herstellung von Homo- und Copolymerisaten des Vinylferrocens patentieren, wobei als Comonomere Styrol, Methylmethacrylat, Acrylnitril, Vinylacetat und Chloropren dienten.

Das Vinylferrocen verhielt sich hierbei weitgehend in seinem Polymerisationsverhalten dem Styrol analog, es konnten sowohl radikalische Polymerisationen mit Azo-bis-isobutyronitril als auch kationische Polymerisationen mit Phosphorsäure durchgeführt werden. Neben der Substanzpolymerisation waren auch Lösungs-, Suspensions- und Emulsionspolymerisationen möglich.

Die Homopolymerisate sind im allgemeinen fest (Fp 280—285° C), die Copolymerisate besitzen niedrigere Erweichungsbereiche. *Arimoto* und *Haven* (*3*) fanden, daß die erhaltenen Polymeren mit Formaldehyd bei 60° C in Gegenwart von Flußsäure zu Duroplasten vernetzbar sind.

Coleman und Mitarbeiter (*9, 10*) untersuchten die Polymerisationsfähigkeit des Cinnamoylferrocens. Dieses läßt sich nicht homopolymerisieren, es bildet aber Copolymerisate mit einer großen Anzahl von Vinylmonomeren und Dienen (Styrol, Acrylnitril, Methylmethacrylat, Äthylacrylat, 1,1'-Dihydro-perfluorbutylacrylat, Butadien, Isopren). Als Polymerisationskatalysator wird Azo-bis-isobutyronitril verwendet, da beim Einsatz von Benzoylperoxyd eine teilweise oxydative Zersetzung des Ketons unter Bildung von Eisenoxyd stattfindet.

Cottis und *Rosenberg* (*11*) stellten fest, daß Ferrocen durch Behandeln mit Aluminiumchlorid bei erhöhter Temperatur gespalten wird unter intermediärer Bildung von Cyceopentenyl-ferrocen. Dieses dimerisiert dann oder polymerisiert zu Oligomeren, von denen die Individuen mit n = 4 bis n = 6 isoliert werden konnten.

	MG	Ep (° C)
n = 4	1008	116—119
N = 5	1260	126—130
n = 6	1512	138—140

Die gleiche Reaktion führten *Neuse, Crossland* und *Koda (62)* mit Zinkchlorid als Spaltungsreagens durch und erhielten ebenfalls Poly-cyclopentyl-ferrocene.

Von *Paushkin* und Mitarbeitern *(76, 93, 94)* wurden Ferrocenpolymere mit konjugierten —C=N-Bindungen hergestellt, die durch Polymerisation von Ferrocennitrilen bzw. Ferrocendinitrilen entstanden sein sollen, wobei die als Zwischenprodukte nicht faßbaren Nitrile durch Wasserabspaltung aus den Ferrocencarbonsäureamiden bzw. ferrocencarbonsauren Ammoniumsalzen mittels Zinkchlorid sowie durch Umsetzung von Ferrocen mit Carbamidsäurechlorid in Gegenwart von Zinkchlorid gewonnen wurden.

Die gebildeten Polymeren sind braunschwarze Pulver, die löslichen Anteile haben nur ein sehr niedriges Molekulargewicht und einen Erweichungsbereich von 300—400° C. Sie haben Halbleiter-Eigenschaften; die Anzahl ungepaarter Elektronen beträgt 10^{17}—10^{19}/g und die spezifische Leitfähigkeit bei 50° C 10^{-11}—10^{-8} Ω^{-1}. cm^{-1}. (Im IR-Spektrum ist die zu erwartende C=N-Valenzschwingung bei 1600 cm^{-1} vorhanden.)

Weiterhin gelang den gleichen Autoren (75) die Polymerisation von Acetylferrocenoxim zu:

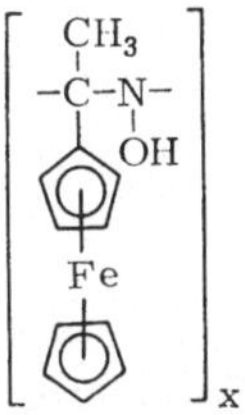

Da die Reaktion aber nur bei hohen Temperaturen (3 Std., 160—180° C) abläuft und sich weder durch Benzoylperoxyd noch durch γ-Strahlung beschleunigen läßt, ist eine Formulierung als Polykondensationsreaktion wahrscheinlicher, zumal sie durch Vernetzungen über die OH-Gruppen fast quantitativ zu einem unlöslichen Produkt führt (Fp > 500° C). Die elektrische Leitfähigkeit nimmt bei Temperaturerhöhung zu.

$$(\rho \text{ bei } 50° C: 6{,}35 \cdot 10^{-12} \ \Omega^{-1} \cdot cm^{-1}$$

$$\rho \text{ bei } 300° C: 1{,}59 \cdot 10^{-9} \ \Omega^{-1} \cdot cm^{-1})$$

Greber und *Hallensleben* (19, 20) stellten Si-haltige Ferrocenpolymerisate auf folgendem Wege dar: Sie addierten sowohl 1,1'-Bis-dimethylhydrosilylferrocen als auch 1,1'-Bis-(dimethylhydrosilylmethyl)-ferrocen an Acetylen, Vinylacetylen und Isopropenylacetylen

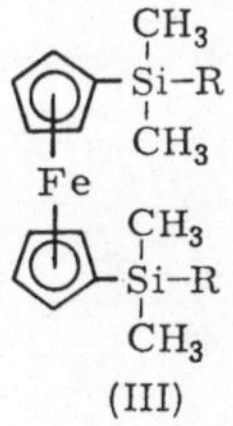

(III) 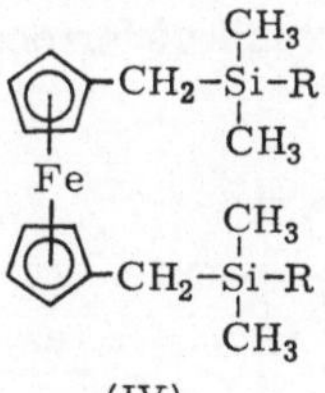 (IV)

R =   —H   (a)   —CH=CH—CH=CH$_2$ (c)

—CH=CH$_2$ (b)   —CH=CH—C=CH$_2$ (d)
                                  |
                                 CH$_3$

(IIIa) und (IIIb) wurden mit bifunktionellen Olefinen

$$\text{(z.B. } CH_2{=}CH{-}\underset{\underset{CH_3}{|}}{\overset{\overset{CH_3}{|}}{Si}}{-}O{-}\underset{\underset{CH_3}{|}}{\overset{\overset{CH_3}{|}}{Si}}{-}CH{=}CH_2\text{) und Acetylenen}$$

$$\text{(z.B. } HC{\equiv}C{-}\underset{\underset{CH_3}{|}}{\overset{\overset{CH_3}{|}}{Si}}{-}O{-}\underset{\underset{CH_3}{|}}{\overset{\overset{CH_3}{|}}{Si}}{-}C{\equiv}CH)$$

polyaddiert. Die gewonnenen Polymeren zeigten eine sehr gute Temperaturbeständigkeit, wie durch mehrstündiges Erhitzen gewogener Substanzmengen in offenen Kolben an der Luft festgestellt werden konnte. Erst ab 360—370° C tritt eine geringfügige Zersetzung ein, wobei die Ferrocen-Si-Bindung gespalten wird, wie spektroskopische Untersuchungen der Spaltprodukte ergaben.

IIIb bis IVd waren mit lithiumorganischen Verbindungen zu Polymeren mit Leiterkettenstruktur polymerisierbar.

IIIb ergab mit Natrium in Tetrahydrofuran ein doppeltes Radikalanion, das die Polymerisation von Vinylmonomeren (Styrol, Methacrylsäuremethylester, Acrylnitril) auslöste.

2.2. Polykondensationsreaktionen

2.2.1. Durch C—C-Verknüpfung hergestellte Polykondensate

Die meisten Arbeiten auf dem Gebiet der Ferrocenpolymeren gelten Polykondensationsreaktionen.

Eine besonders einfache Reaktion zur Herstellung von Ferrocenpolykondensaten fanden *Wende* und *Lorkowski* (*100*) in der Umsetzung von α-Hydroxyalkyl-ferrocenen mit Bortrifluorid.

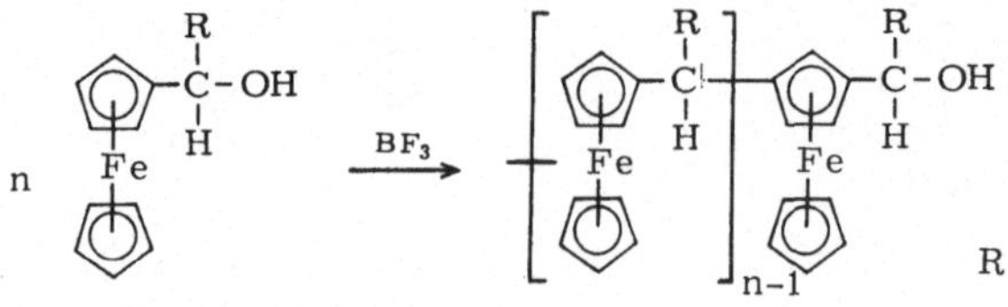

$$(V) \qquad R = H \ (a)$$
$$= CH_3 \ (b)$$
$$= C_6H_5 \ (c)$$

Es entstehen Polymere, in denen Ferrocenglieder mit Alkylengruppen als Bestandteile der Hauptkette alternieren. Die in hohen Ausbeuten (60—80%) erhaltenen Produkte sind gelbgrüne Pulver vom Durchschnittsmolekulargewicht 3000 (unfraktioniert) und mit Erweichungsbereichen von 130—145° C. Sie sind in zahlreichen Lösungsmitteln löslich und lassen sich mit Methanol ausfällen. Die Reaktion verläuft sehr einheitlich, wie aus den Ergebnissen der Elementaranalyse der Polymeren hervorgeht.

Kurze Zeit später fanden *Neuse* und *Trifan* (*69*) (unabhängig von *Wende* und *Lorkowski*) die gleiche Reaktion, sie benutzten an Stelle von Bortrifluorid Zinkchlorid als Kondensationsmittel. Ihre Polymeren sind in bezug auf das Molekulargewicht, den Erweichungsbereich, die Löslichkeit und die Farbe mit den von *Wende* und *Lorkowski* erhaltenen Produkten identisch.

Die im Vergleich zu analogen Benzolderivaten unerwartete Leichtigkeit der Selbstkondensation der Ferrocenalkohole wird durch zwei Faktoren begünstigt.

1. Die gegenüber dem Benzol noch ausgeprägtere Neigung zur elektrophilen Substitution

2. Die starke Ionisierungstendenz von Metallocenyl-α-carbinyl-Derivaten (*83, 100*).

Diese Ionisierungstendenz wird über eine Stabilisierungsmöglichkeit des gebildeten Carbenium-Ions unter Wanderung der positiven Ladung zum Eisen (Ferrocinium-Ion) erklärt, so daß eine mesomere Metallcarbeniumionen-Struktur entsteht.

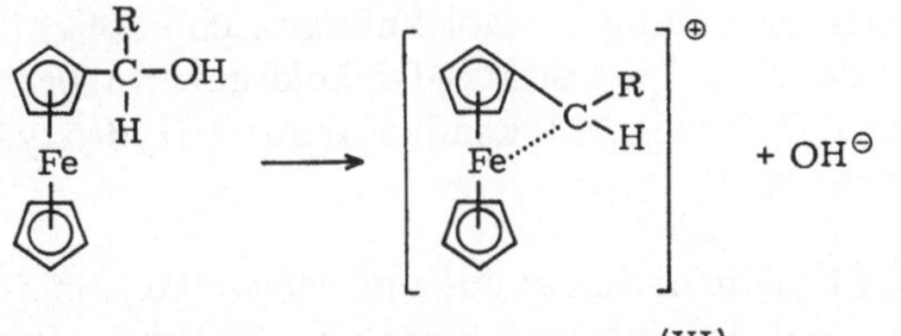

(VI)

Die Weiterreaktion dieser Kationen ist allerdings sehr von den gewählten Reaktionsbedingungen abhängig. So kommt es bei der Reaktion von Ferrocenalkoholen in konz. Schwefelsäure oder Fluorwasserstoff nur zur Bildung von dinuklearen, nichtpolymeren Produkten.

Es entsteht dabei aus Hydroxymethylferrocen oder seinen formalen Ausgangsprodukten (Ferrocen und Paraformaldehyd) entweder 1,2-Diferrocenyl-äthan (*57, 83, 97*) oder Diferrocenylmethan (*77*).

Neuse und *Trifan* nehmen an, daß die von ihnen gewählten Bedingungen der Schmelzpolykondensation unter Anwendung niedriger Katalysatorkonzentrationen die Ursachen für die ausschließliche Polymerenbildung sind. Die Reaktion verläuft jedoch auch in lösungsmittelhaltigen Systemen, wie schon *Wende* und *Lorkowski* zeigten. Die niedrige Katalysatorkonzentration scheint jedoch für die Polymerenbildung verantwortlich zu sein.

Als Zwischenprodukte der Polykondensationsreaktion bilden sich zunächst dinukleare Äther, die in einigen Fällen am Reaktionsbeginn isoliert werden konnten. Daher verläuft die Reaktion analog, wenn von diesen Äthern ausgegangen wird (65).

Nach einstündiger Reaktion waren die Äthergruppierungen verschwunden, durch Entfernung des Wassers aus dem Reaktionsgemisch konnte beim Hydroxymethylferrocen ein Durchschnittsmolekulargewicht von 7000 erreicht werden.

Bei den Polykondensaten des α-Hydroxyäthylferrocens liegt das Durchschnittsmolekulargewicht wesentlich niedriger (750—2000), was von *Neuse* über sterische und induktive Effekte erklärt wird. Es ist aber auch zu berücksichtigen, daß beim α-Hydroxyäthylferrocen als weitere Nebenreaktion eine intramolekulare Wasserabspaltung unter Bildung von Vinylferrocen möglich ist, die ebenfalls zu einer Erniedrigung des Molekulargewichts führen würde.

Um die Abhängigkeit der Polymerisateigenschaften vom Molekulargewicht untersuchen zu können, wurden die Polymeren fraktioniert, wobei Fraktionen vom Molekulargewicht 1000—15000 erhalten werden konnten. Es zeigte sich, daß bei allen drei Polymeren V a—c der Erweichungsbereich mit Erhöhung des Molekulargewichts steigt (bis zu 300° C). Weiterhin wurde eine Viskositäts-Molekulargewichtsbeziehung aufgestellt. Sie lautet z. B. für das Polykondensat aus α-Hydroxyäthylferrocen:

$$[\eta] = 3{,}95 \cdot 10^{-3} \cdot M^{0{,}27}$$

Der niedrige Exponent deutet auf eine verzweigte, globuläre Struktur, die auch auf Grund der aufgenommenen IR-Spektren zu vermuten ist. Diese geben auch Aufschluß über die Art der Verknüpfung der einzelnen Ferrocenglieder im Polymermolekül.

Prinzipiell gibt es drei Kondensationsmöglichkeiten, da die Carbenium-Ionen den Ferrocenalkohol sowohl in der 2- oder 3-Stellung des substituierten Ringes als auch im unsubstituierten Ring angreifen können.

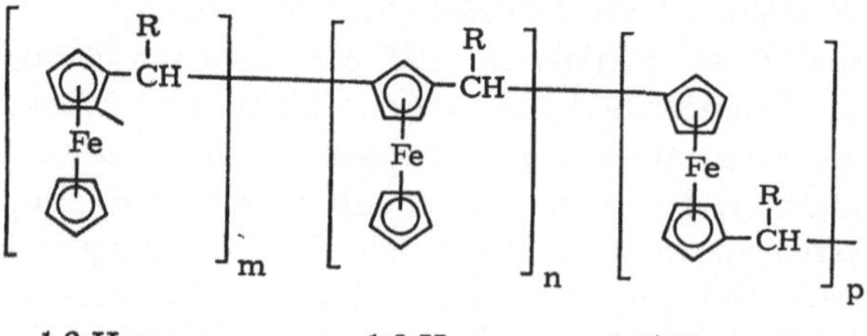

1,2-Homo- 1,3-Homo- 1,1'-Hetero-Substitution

Zwischen der Homo- und der Heteroverknüpfung ist auf einfache Weise IR-spektroskopisch mit Hilfe der von *Rosenblum (85)* gefundenen 9—10 µ-Regel zu unterscheiden. Danach besitzt das IR-Spektrum eines Ferrocenderivats mit noch unsubstituiertem Fünfring zwei charakteristische Absorptionsbanden bei 9 und 10 µ (1000 und 1100 cm^{-1}), die bei 1,1′-Disubstitution verschwinden.

Da die Ferrocenpolykondensate noch beide Absorptionsbanden aufweisen, hat zumindest teilweise eine Homopolymerisation stattgefunden. Durch Intensitätsmessungen der 9-µ-Bande wurde der Prozentgehalt an hereroannularer Substitution ermittelt und in Abhängigkeit vom Molekulargewicht untersucht.

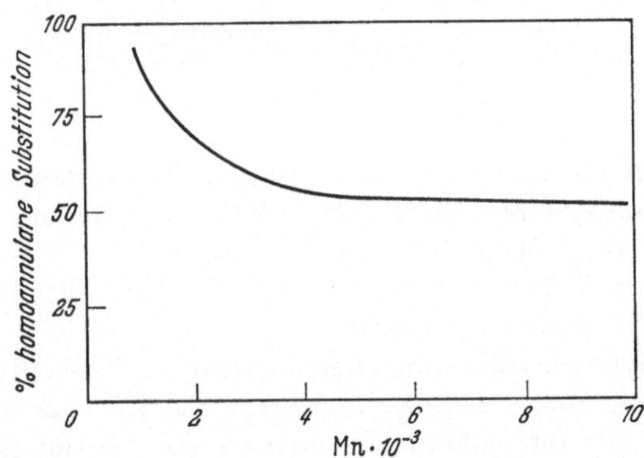

Der Anteil homoannularer Substitution des Polykondensats aus α-Hydroxyäthylferrocen in Abhängigkeit vom Molekulargewicht nach *Neuse* und *Trifan (69)*.

Induktive und Hyperkonjugationseffekte sollten zur Bevorzugung der Homosubstitution (1,2 bzw. 1,3) führen. Hiervon sollte aus sterischen Gründen die 1,3-Disubstitution vorherrschen. Mit steigendem Molekulargewicht tritt allerdings wegen der verminderten Konzentration an monosubstituierten Ferrocenyl-Endgruppen eine stärker werdende Verzweigung durch Heterosubstitution und damit eine Abnahme der 9-µ-Bandenintensität ein.

Von *Neuse* und Mitarbeitern wurden die über Ferrocenyl-Carbokationen verlaufenden Polykondensationen intensiv weiter untersucht. *Neuse* und *Quo (64)* stellten fest, daß die Reaktion auch abläuft, wenn Dimethylamino-methylferrocen als Ausgangsprodukt dient. Da Hydroxymethylferrocen im allgemeinen durch Spaltung dieser Mannichbase hergestellt wird, kann auf diese Weise die Synthese der Polykondensate um einen Reaktionsschritt verkürzt werden. (Elementaranalyse, IR-Spektroskopie und viskosimetrische Daten zeigen, daß die Struktur der Polymeren im wesentlichen mit derjenigen des direkt aus Hydroxy-methylferrocen hergestellten Produkts identisch ist. Im Unterschied zur Polykondensation des Hydroxymethylferrocens ist aber eine hohe Konzentration des Katalysators Zinkchlorid (50 Mol-%) in Kombination mit 100 Mol-% HCl erforderlich.)

In einer weiteren Arbeit (66) fanden die gleichen Autoren, daß sich bei dieser Reaktion als Zwischenprodukt ein Komplex der Zusammensetzung

$$2 \quad \text{Fe} \underset{}{\overset{\text{—CH}_2\text{—N(CH}_3)_2}{\bigcirc\!\!\!\bigcirc}} \quad \cdot \text{ZnCl}_2 \cdot 2\,\text{HCl}$$

bildet, der durch fraktionierte Kristallisation eines Isopropanol-Extrakts der Reaktionsmischung isoliert werden kann. Die Bildung dieses Komplexes erklärt die Notwendigkeit der hohen Katalysatorkonzentration, wobei die in dem Komplex vorhandene N → Zn-Koordination die Bildung der Metall-carbkationen erleichtert.

Durch Polykondensation der Ferrocenmannichbase gelang es *Neuse*, *Quo* und *Howelis* (67) auch, das Verhältnis von 1,2-, 1,3- und 1,1'-Kondensation weiter aufzuklären. Sie setzten zur Gewinnung möglichst niedermolekularer Produkte 1 Mol N,N-Dimethylamino-methylferrocen mit 2 Mol Ferrocen in Gegenwart von Zinkchlorid um und erhielten durch Säulenchromatographie neben Ferrocen und Diferrocenylmethan ein Isomerengemisch der „Triferrocene", in dem IR-spektroskopisch 59,6% homoannullare Isomere gefunden wurden. Die fraktionierte Kristallisation führte zur Isolierung der drei Isomeren

1,2-Bis-(ferrocenylmethyl)-ferrocen,

1,3-Bis-(ferrocenylmethyl)-ferrocen und

1,1'-Bis(ferrocenylmethyl)-ferrocen

im Molverhältnis 1 : 5 : 4. Damit wurden die Annahmen über das Isomerenverhältnis in dem Polymeren sehr gut bestätigt.

Schließlich fanden *Neuse* und Mitarbeiter (59, 70), daß auch das Ferrocen selbst mit Aldehyden in Gegenwart von Lewissäuren analog gebaute Polymere gibt. Geht man von aliphatischen Aldehyden aus (Formaldehyd, Acetaldehyd, Crotonaldehyd), so muß jedoch die Umsetzungen im Autoklaven unter Stickstoff bei 130—180° C ausgeführt werden, um die Polykondensationsreaktion zu erzwingen. Die erhaltenen

Molekulargewichte liegen ziemlich niedrig (< 2500), weil Gleichgewichtsbedingungen herrschen.

$$n + 1 \quad \text{Fe} \quad + n \quad R-CHO \xrightarrow{\text{ZnCl}_2} H \left[\text{Fe} \quad \overset{R}{\underset{H}{C}} \quad \text{Fe} \right]_n + n \, H_2O$$

$$(R = H-, \; CH_3-, \; CH_3-CH{=}CH-)$$

Mit Furfurol, Benzaldehyd und substituierten Benzaldehyden ist wieder ein druckloses Arbeiten möglich, und die Molekulargewichte liegen bei 5000. ($R = C_6H_5-$, $H_3COC_6H_4-$, HOC_6H_4-, $HOOCC_6H_4-$, NCC_6H_4-.)

Die Polykondensation des Ferrocens mit Furfurol untersuchten *Neuse*, *Koda* und *Carter* (*63*), um über den Furfurylrest in das Polykondensat eine reaktive Gruppe einführen zu können, die durch Diels-Alder-Reaktion mit Maleinsäureanhydrid, gefolgt von der Reaktion mit Diepoxyverbindungen, eine Härtungsmöglichkeit zu einem Duroplast ergibt. 15—30% Zinkchlorid als Katalysator, berechnet auf Ferrocen, sind notwendig, um befriedigende Ausbeuten zu erhalten (50—75%). Die Reaktion wird bei 120—130° C in der Schmelze unter Stickstoff solange durchgeführt, bis man spröde Fäden aus dem Reaktionsgemisch ziehen kann; das Molekulargewicht beträgt 800—4500. Die Substitution verläuft wegen des induktiven Effektes des Furylrestes wieder vorwiegend homoannular.

Valot (*91*) beschrieb 1964 ebenfalls die Polykondensation von Ferrocen mit Paraformaldehyd. Die von ihm in Gegenwart konz. Schwefelsäure erhaltenen Produkte hatten ein Molekulargewicht von 4800. Als mögliche Nebenreaktionen werden von *Valot* die Äthanbrückenbildung sowie Tri- und Tetrasubstitution der Ferrocenkerne angegeben.

Ferrocenpolykondensate, in denen Ferrocen-Reste mit Alkylengruppen alternieren, wurden schon 1961 von *Nesmejanov* und Mitarbeitern (*56*) durch Umsetzung von Ferrocen mit Methylenchlorid oder Äthylenchlorid in Gegenwart von Aluminiumchlorid hergestellt. Durch diese Friedel-Crafts-Reaktionen lassen sich allerdings nur die am α-C-Atom unsubstituierten Polykondensate herstellen, außerdem liegt die Ausbeute nur bei 2 bis 9%, was zu erwarten war, da Methylen- und Äthylenchlorid für Friedel-Crafts-Reaktionen ziemlich inerte Reaktionspartner sind.

für n = 1

und n = 2

Das Polykondensat aus Ferrocen und Methylenchlorid müßte in seiner Struktur mit dem von *Wende* und *Lorkowski* bzw. von *Neuse* und *Trifan* erhaltenen Polymeren identisch sein. Auf die magnetischen und elektrischen Eigenschaften dieser Polymeren wird auf S. 231 eingegangen.

Zahlreiche Arbeiten hatten das Ziel, Polyferrocenylene herzustellen, in denen die Ferrocenylen-Glieder unmittelbar aneinander geknüpft sind (*22, 79, 89, 90, 96*). *Rausch* gewann 1963 durch Umsetzung von 1,1'-Dichlorquecksilber-ferrocen mit äthanolischem Natriumjodid oder wäßriger Natriumthiosulfat-Lösung Polyquecksilberferrocen der Elementarzusammensetzung $(C_{10}H_8FeHg)_x$ (*79*).

Durch thermische Zersetzung in Gegenwart von Silberpulver konnte er aus den Polyquecksilberferrocenen Polyferrocenylene der Elementarzusammensetzung $(C_{10}H_8Fe)_x$ als orange gefärbte Kristalle gewinnen, die beim Erhitzen auf 375° unter Stickstoff weder schmelzen noch sich zersetzen und sehr schlechte Löslichkeit besitzen.

Spilners und *Pellegrini* (*89, 90*) setzten ein Gemisch von Mono- und Dilithiumferrocen mit wasserfreiem Kobaltchlorid in Tetrahydrofuran um und erhielten bei der anschließenden Hydrolyse ebenfalls Polyferrocenylene vom Molekulargewicht bis 1400, die sich bei 240° C zersetzten. Sie waren teilweise durch Cyclopentadienylferrocene verunreinigt, wodurch sich etwas zu hohe C,H- und zu niedrige Fe-Werte bei der Elementaranalyse ergaben.

Auch *Watanabe* (*96*) untersuchte die Umsetzung von Ferrocenyllithium bzw. Ferrocenyldilithium mit Kobaltchlorid und konnte neben dem Polymeren alle Produkte der homologen Reihe

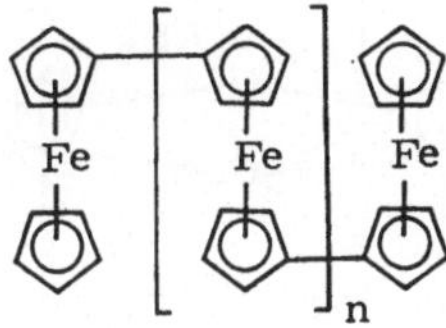

von n = 0 bis n = 4 isolieren.

		Fp
n = 0	Biferrocenyl	234° C
n = 1	Terferrocenyl	227° C
n = 2	Quaterferrocenyl	280° C
n = 3	Quinqueferrocenyl	245° C
n = 4	Sexiferrocenyl	255° C

Die Löslichkeit in organischen Lösungsmitteln nimmt mit steigendem Kondensationsgrad schnell ab, Quaterferrocenyl ist fast unlöslich, Quinque- und Sexiferrocenyl sind praktisch unlöslich.

In gleicher Reihenfolge erhöht sich die Adsorptionsfähigkeit der Verbindungen an Al_2O_3. Die NMR-Spektren konnten wegen der Löslichkeitsverhältnisse nur von Bi- und Terferrocenyl aufgenommen werden. Die heteroannulare Verknüpfung wird durch das NMR-Spektrum des Terferrocenyls bestätigt. Die UV-Spektren zeigen bei steigendem Kondensationsgrad wegen der erhöhten Konjugationsmöglichkeiten bathochrome Verschiebungen, die aber bei weitem nicht so ausgeprägt sind wie bei der analogen Reihe der p-Polyphenylene.

Eine weitere Methode zur Herstellung von Ferrocenpolymeren, die nur durch Kohlenwasserstoffreste miteinander verknüpft sind, wurde von *Kotrelev (38)* und von *Berlin (8)* untersucht. Es ist bekannt, daß das Ferrocen mit aromatischen Diazoniumsalzen unter Stickstoffabspaltung aryliert werden kann. Die genannten Autoren setzten nun Ferrocen mit diazotiertem Benzidin bzw. diazotierter Benzidin-3,3'-dicarbonsäure unter Bildung dunkelbrauner, pulverförmiger Polymerer um. Diese sind vollständig in konz. Schwefelsäure und partiell in organischen Lösungsmitteln löslich. Die löslichen Fraktionen sind aus ihren Lösungen zu Filmen vergießbar, ihre Molekulargewichte betragen jedoch nur 1000 bis 1400. Die unlöslichen Polymeren sind nicht schmelzbar, sie besitzen in inerter Atmosphäre eine hohe thermische Beständigkeit.

Paushkin und Mitarbeiter *(73)* kondensierten Ferrocen mit Aceton in Gegenwart von Zinkchlorid und erhielten dabei Polymere, denen sie folgende Struktur zuschreiben:

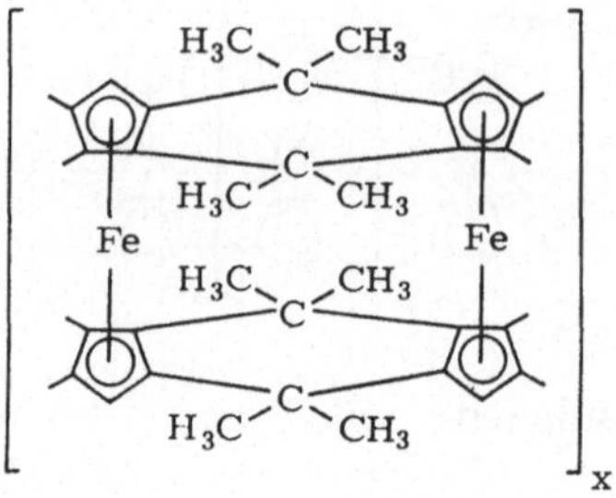

$$\text{Fp } 320\text{—}360^\circ \text{ C}$$
$$\text{Molgew. } 3000\text{—}3200$$

2.2.2. Polyester, Polyamide und Polyketone

Die ersten Versuche, ferrocenhaltige Polyester herzustellen, gehen auf *Göller (15)* zurück. 1,1'-Ferrocendicarbonsäure sollte mit 1,6-Hexandiol in der Schmelze oder in Dioxan unter azeotropem Abdestillieren des Reaktionswassers polykondensiert werden. Die Reaktionen mißlangen, weil die Ferrocendicarbonsäure sich bei längerem Erhitzen auf 150° C zersetzte.

Knobloch und *Rauscher (30)* nahmen dann an Stelle der Dicarbonsäure deren Säurechlorid und konnten durch Grenzflächenpolykondensation sowohl mit Phenolen (2,2-Bis-(4'-hydroxyphenyl)-propan und Hydrochinon) als auch mit Diaminen (Äthylendiamin, Hexamethylendiamin, Piperazin, p-Phenylendiamin) Polyester bzw. Polyamide gewinnen. Es sind gelbbraun bis orange gefärbte Pulver mit Erweichungsbereichen von 150—220° C; die Polymeren aus Hydrochinon und p-Phenylendiamin schmelzen überhaupt nicht. Die aus den gemessenen Viskositäten berechneten Molekulargewichte betragen 8300—12000. Ein niedermolekularer Polyester des Äthylenglykols wurde durch Umesterung aus 1,1'-Ferrocendicarbonsäure-dimethylester hergestellt. Die Temperaturbeständigkeit der erhaltenen Polymeren wurde nicht untersucht.

Valot (92) ergänzte die Arbeit von *Knobloch* und *Rauscher*, indem er 1,1'-Ferrocendicarbonsäure-dichlorid mit Decandiol-(1,10), Hexandiol-(1,6), Terephthaldialkohol und 1,1'-Bis[hydroxymethyl]-ferrocen umsetzte. Da bei diesen Alkoholen eine Grenzflächenpolykondensation nicht möglich ist, wurden die Reaktionen in homogener Phase in Pyridin bei 70—75° C vorgenommen.

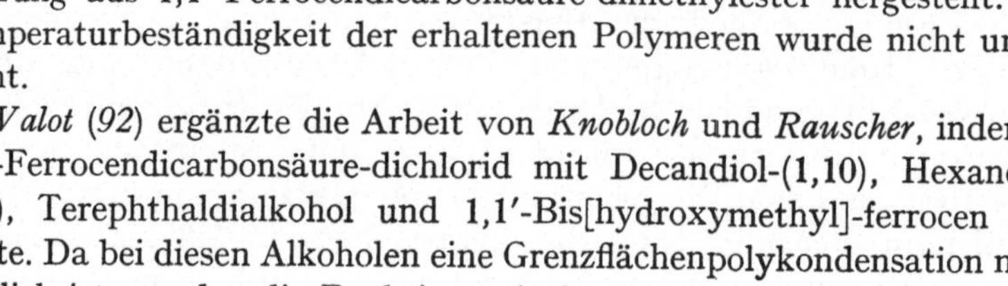

$$R = -(CH_2)_{10}- \qquad \text{(a)}$$
$$-(CH_2)_6- \qquad \text{(b)}$$
$$-CH_2-\langle\bigcirc\rangle-CH_2- \qquad \text{(c)}$$
$$-CH_2-\langle\bigcirc\rangle\text{-Fe-}\langle\bigcirc\rangle-CH_2- \qquad \text{(d)}$$

(VII)

(VIIa) und (VIIb) sind im Reaktionsgemisch löslich, (VIIc) und (VIId) unlöslich. Auf Grund des Ergebnisses der Elementaranalyse wurden folgende Molekulargewichte berechnet:

$$a: \quad 4709 \qquad c: \quad 1779$$
$$b: \quad 1543 \qquad d: \quad 2210$$

Lorkowski und *Falk* (*46*) versuchten, Ferrocenpolyester durch Umsetzung von 1,1'-Bis-[α-hydroxyäthyl]-ferrocen mit Phosgen, aliphatischen und aromatischen Dicarbonsäurechloriden zu erhalten. Auf Grund der schon angeführten besonderen Reaktivität der Ferrocenylcarbenium-Ionen traten jedoch keine Veresterungsreaktionen, sondern als Konkurrenzreaktionen die Bildung des überbrückten Äthers 1,1'-(Dimethyldimethylenoxy)-ferrocen und von uneinheitlichen Divinylferrocen-Polymeren ein.

Weitere Versuche von *Lorkowski* (*40*), bifunktionelle Hydroxyaryl-Verbindungen des Ferrocens durch Arylierungs- und Friedel-Crafts-Reaktionen herzustellen, verliefen mit zu niedriger Ausbeute, als daß die erhaltenen Verbindungen als Ausgangsprodukte für Polykondensationen in Frage kämen.

Zur Herstellung von Polyferrocenketonen ist von einigen Autoren die Umsetzung von Ferrocen mit Dicarbonsäurechloriden nach Friedel-Crafts untersucht worden. *Paushkin* (*76*) erhielt durch Polykondensation von Ferrocen mit Phthalsäureanhydrid in Gegenwart von Zinkchlorid Polymere, die entweder Keton- oder Lacton-Struktureinheiten aufweisen.

Die elektrischen Eigenschaften der Polymeren wurden untersucht.

Neuse und *Koda* (*62*) gelang die Polykondensation von Ferrocen mit Terephthalsäuredichlorid und mit 1,1'-Ferrocen-dicarbonsäuredichlorid unter Verwendung von Lewis-Säuren als Katalysator. Sie erhielten folgende Polyketone mit einem Molekulargewicht bis zu 4700:

Die Polymeren besitzen nur eine mäßige thermische Stabilität.

221

2.2.3. Weitere N-haltige Polykondensate

Golubeva und *Vishnjakova* (*17*) kondensierten Acetylferrocen mit Harnstoff im Autoklaven unter Luftabschluß in Gegenwart von Zinkchlorid (durch 5—8-stündiges Erhitzen auf 150—190° C), wobei das Ferrocen dem Polymeren eine hohe Temperaturbeständigkeit sowie spezifische magnetische und elektrische Eigenschaften verleihen soll. Die in Ausbeuten von 20—50% entstandenen löslichen Polymeren haben ein Molekulargewicht von 1000, sie schmelzen bei 350° C. Folgende Struktur der Konjugationskette wird angegeben:

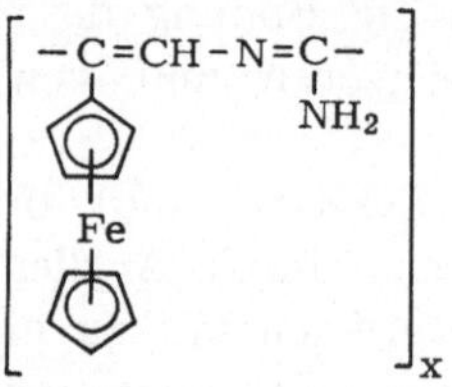

Die Verbindungen besitzen 10^{18} ungepaarte Elektronen/g Polymer. Die Leitfähigkeit wird bei $5 \cdot 10^{-4}$ mm Hg im Temperaturbereich von 200—350° C gemessen, sie zeigt die für organische Halbleiter charakteristische Temperaturabhängigkeit.

Paushkin und Mitarbeiter (*74, 76*) kondensierten Acetylferrocen mit Ammoniumbicarbonat in Gegenwart von Zinkchlorid (Molverhältnis Acetylferrocen : NH_4HCO_3 : $ZnCl_2$ = 1 : 1 : 3, 250° C, 5 Std., Ausbeute 87%), wobei über die intermediäre Bildung von Carbaminsäure entspr. Schema 1 die Bildung von Polymeren mit konjugierter Kette formuliert wird.

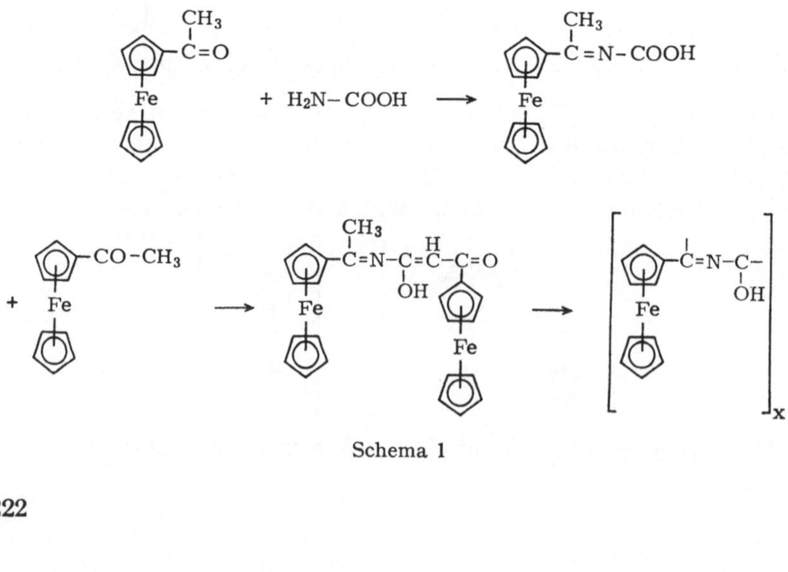

Schema 1

Durch Polykondensation von 1,1'-Diacetylferrocen mit Hydrazin gewannen sowohl *Göller* (*15*) als auch *Korshak* (*31*) Polyazine folgender Struktur:

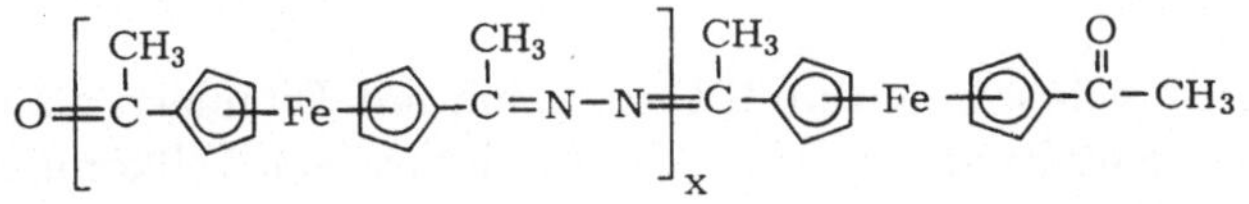

2.2.4. Siliciumhaltige Polykondensate

Greber und *Hallensleben* (*20*) erhielten durch Addition von Olefinen mit funktionellen Gruppen an 1,1'-Bis-(dimethylhydrosilyl)-ferrocen bifunktionelle Ferrocenderivate wie (VIII).

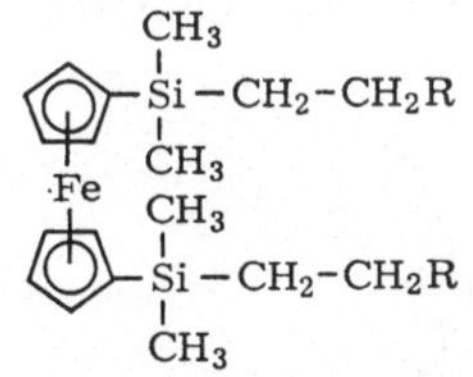

(VIII)

R = $-COOH$ (a)

$-CH_2OH$ (b)

$-CH_2NH_2$ (c)

$-CH_2-(Si(CH_3)_2-O)_3-Si(CH_3)_2-Cl$ (d)

Außerdem stellten sie durch Epoxydierung von 1,1'-Bis-(dimethylvinylsilyl)-ferrocen mit Benzopersäure die Diepoxydverbindung (IX) als destillierbare Verbindung her.

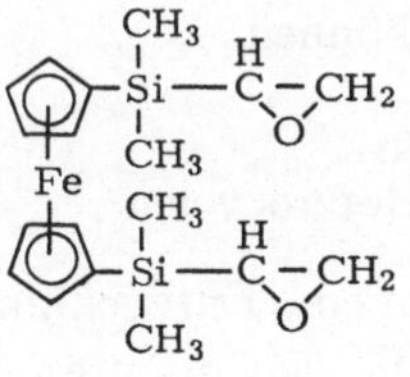

(IX)

Durch Polykondensation von (VIIIb) mit Terephthalsäuredichlorid in siedendem Benzol und Pyridin wurde ein Polyester vom Molekulargewicht 6000 hergestellt. (VIIIb) ist bemerkenswert reaktionsträge. Es polyaddiert p-Phenylendiisocyanat erst nach achtstündigem Erhitzen unter Rückfluß in benzolischer Lösung zum Polyurethan.

(VIIIa) gibt mit Hexamethylendiamin ein Salz, das analog zur Nylon-Herstellung aus AH-Salz durch zehnstündiges Erhitzen auf 220° C im Hochvakuum zu einem linearen Polyamid kondensiert.

(VIIIc) läßt sich mit Terephthaloylchlorid nach der Methode der Grenzflächenpolykondensation zu einem linearen Polyamid umsetzen. (VIIId) liefert bei saurer Hydrolyse ein Polymeres vom Molekulargewicht 8000, das wegen der Octamethyltetrasiloxan-Brücken eine ölige Konsistenz aufweist.

(IX) läßt sich sowohl durch Umsetzung mit Diaminen als auch mit Hilfe saurer Katalysatoren wie AlCl₃ zu glasartigen, vollkommen unlöslichen Produkten aushärten.

Die thermische Beständigkeit all dieser Polykondensate und Polyaddukte ist beträchtlich geringer als diejenige der Reaktionsprodukte von 1,1'-Bis-(dimethylhydrosilyl)-ferrocen mit Siloxanolefinen und Siloxanacetylenen, was *Greber* und *Hallensleben* auf die Instabilität der in die Hauptketten eingebauten Ester- und Urethan-Gruppen zurückführen.

Schaaf (87) stellte einige unsymmetrisch substituierte Siloxanylferrocene her, z.B. das 1,1'-Bis-[3-(1'-phenyldimethylsilylferrocenyl)-1,1,3,3-tetramethyldisiloxanyl]-ferrocen.

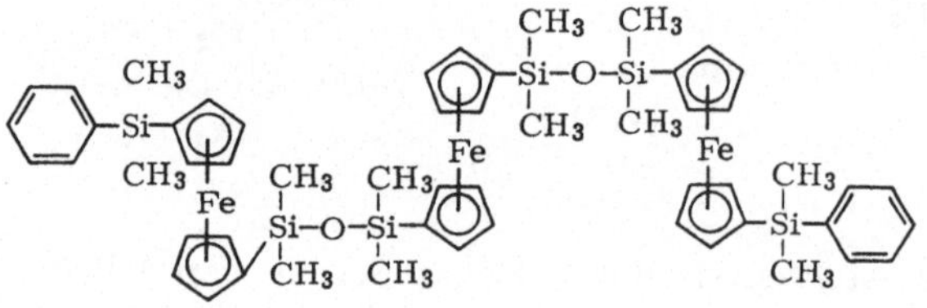

Die Verbindungen sind in einem weiten Temperaturbereich flüssig und sollen wegen ihrer thermischen Stabilität als Schmieröle und hydraulische Flüssigkeiten dienen können.

2.2.5. Polykondensate mit Heterocyclen

In den letzten Jahren begann eine Entwicklung in der makromolekularen Chemie, deren Ziel es ist, die gewünschte höhere Temperaturstabilität der Polymeren durch den Einbau von Heterocyclen als Kettenbausteine zu erreichen. Den Anfang machten die sog. Polyimide. Inzwischen sind zahlreiche Heterocyclen auf ihre Eignung als Polymerkomponenten geprüft worden.

Es lag nun der Versuch nahe, die Wärmebeständigkeit durch Kombination von Heterocyclen mit Ferrocen-Gliedern noch weiter zu erhöhen.

Mulvaney, Bloomfield und *Marvel* (55) stellten Polybenz-borimidazole durch Kondensation von aromatischen Dicarbonsäure-Derivaten mit 3,3'-Diaminobenzidin her. Hier zeigte sich jedoch, daß die ferrocenhaltigen Polymeren eine geringere Temperaturstabilität als die entsprechenden benzolhaltigen Polymeren besitzen. Während die auf Basis von Benzoldiborsäureester hergestellten Produkte eine gute thermische Beständigkeit bis zu 500° aufweisen, beginnt das aus Ferrocendiborsäure oder deren Ester hergestellte Polymere (X) sich zwischen 300 und 400° C weitgehend zu zersetzen.

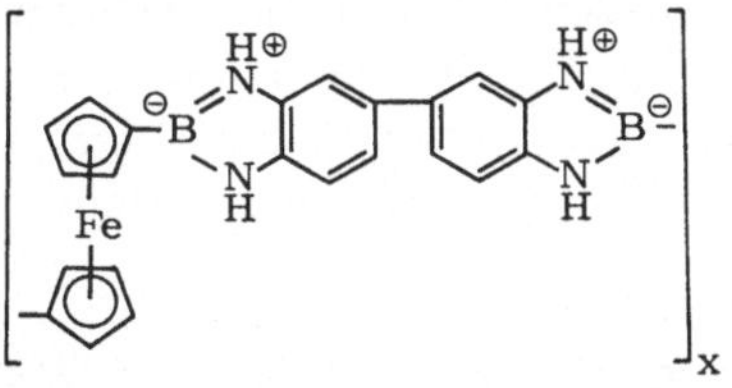

$$\left[\text{(X)}\right]_x \quad (X)$$

Plummer und *Marvel* (*78*) stellten Polybenzimidazole durch Kondensation von Dicarbonsäuren mit 3,3'-Diaminobenzidin her. Als Dicarbonsäuren wurden Perfluorglutar-, Perfluorsuberin- und Maleinsäure sowie 4,5-Imidazoldicarbonsäure, 1,1'-Ferrocendicarbonsäure und einige isomere Naphthalindicarbonsäuren benutzt.

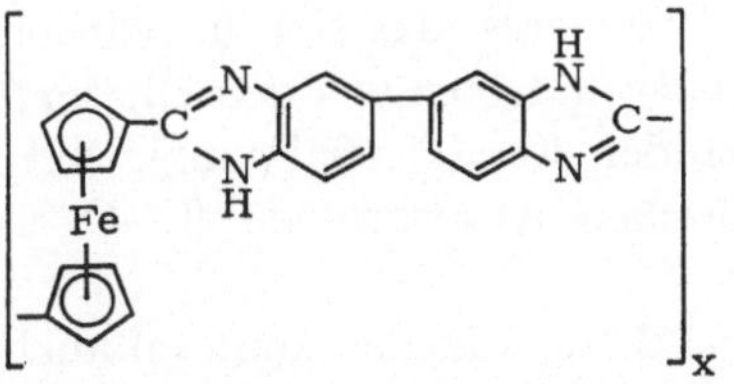

$$\left[\text{(XI)}\right]_x \quad (XI)$$

Der Vergleich der an allen Polymeren mit Hilfe des thermogravimetrischen Abbaus durchgeführten Temperaturbeständigkeitsmessungen zeigt, daß das Ferrocenpolymere (XI) zwar stabiler als die Polymeren mit den perfluorierten aliphatischen Brückengliedern sind, aber die Stabilität des Polymeren aus 4,5-Imidazoldicarbonsäure nicht erreichen (15% Gewichtsverlust bei 300° C, 20% Gewichtsverlust bei 400° C und 25% Gewichtsverlust bei 500° C).

Lorkowski, Pannier und *Wende* (*49*) prüften die Möglichkeit, Ferrocenpolymere mit 1,3,4-Oxadiazolringen in der Kette herzustellen, weil die Polyoxadiazole eine sehr gute thermische und chemische Beständigkeit aufweisen (*14*).

Durch Umsetzung von Hydrazin, Oxalylhydrazid, Adipinsäuredihydrazid und Isophthalsäuredihydrazid mit 1,1'-Ferrocen-dicarbonsäuredichlorid in Hexamethylphosphoramid als Lösungsmittel konnten die entsprechenden Polyhydrazide gewonnen werden.

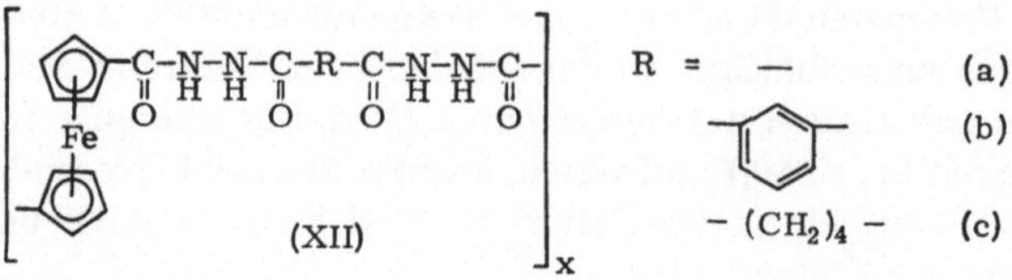

Die Polyhydrazide ließen sich durch Erhitzen im Vakuum nicht in die Poly-1,3,4-oxadiazole überführen, da parallel zur Dehydratisierung in jedem Falle Zersetzungsreaktionen abliefen. Das Polyhydrazid (XIIb) war jedoch mit Phosphoroxychlorid zum entspr. Polyoxadiazol dehydratisierbar.

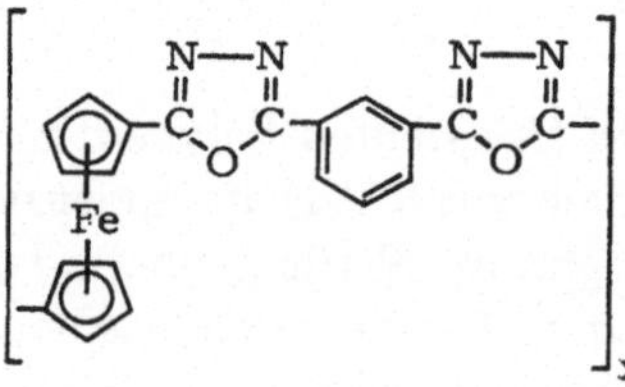

Dieses ist ein im Gegensatz zum Ausgangsprodukt in Dimethylsulfoxyd unlösliches Polymeres, das sich in Schwefelsäure mit tiefroter Farbe löst. Im IR-Spektrum treten an die Stelle der für die Polyhydrazide charakteristischen Banden (C=O: 1655 cm^{-1}, NH: 3260 cm^{-1}) die für 1,3,4-Oxadiazole typischen Absorptionen (C—O—C: 970 cm^{-1}, C=N: 1550 cm^{-1}).

Poly-ferrocenylen-1,3,4-oxadiazole konnten auch durch direkte Synthese aus 1,1'-Ferrocendicarbonsäurechlorid und 1,4-Bis-tetrazolyl-(5)-benzol in Diäthylanilin in 80% Ausbeute gewonnen werden.

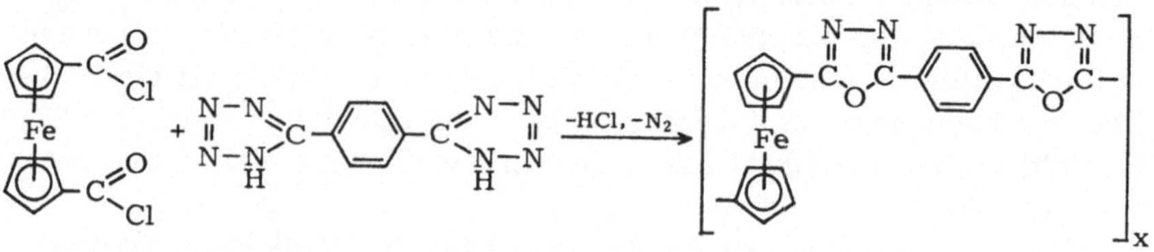

Alle hergestellten Polyferrocenylen-1,3,4-oxadiazole wurden thermogravimetrisch untersucht; bis 300° C zeigte sich nur ein geringer Gewichtsverlust. Zwischen 300 und 400° C wurde jedoch eine lineare Gewichtsabnahme von 0,18 bis 0,22% je Grad Temperaturerhöhung gemessen. Offenbar vermindert der Einbau von Ferrocenylen-(1,1')-Gruppen die thermische Stabilität der Poly-1,3,4-oxadiazole, da diese nach Literaturangaben höhere Wärmebeständigkeit aufweisen (*14*).

2.3. Polyadditionsreaktionen

Von den vielen Verbindungen, die prinzipiell für eine Polyaddition in Frage kommen, haben bisher nur die Diisocyanate und Bis-Epoxyde technische Verwendung gefunden. Es wurde daher auch versucht, über diese funktionellen Gruppen Ferrocenpolymere herzustellen. Die Darstellung von siliciumhaltigen Ferrocendiepoxyden und ihre vernetzende Polyaddition ist schon im Abschnitt 2.2.4 erwähnt worden.

Watanabe, Motoyama und *Hata* (*95*) gelang die Synthese von Glycidyl-ferrocenen. Sie metallierten Ferrocen mit n-Butyl-lithium zum Mono- bzw. Dilithiumferrocen und setzten diese mit Epichlorhydrin bei —40 bis —78° C zu Mono- bzw. Bis-(γ-chlor-β-hydroxypropyl)-ferrocen um, aus denen mit 30%iger Kalilauge die entsprechenden Ferrocenepoxyd-Verbindungen gewonnen wurden.

Das 1,1'-Bis-glycidyl-ferrocen

entsteht in einer Gesamtausbeute von 16,3% als dunkelrote Flüssigkeit die bei 160—161° C (0,09 mm Hg) unzersetzt destillierbar ist. Über die Umsetzung dieser Verbindung zu Polymeren ist noch nichts bekannt.

Ban, Saegura und *Furukawa* (*4*) setzten Ferrocendicarbonsäure-anhydrid mit Epichlorhydrin um und erhielten dabei dunkelbraune, unlösliche Polyester.

Arbeiten über die Reaktion von Ferrocenalkoholen mit Isocyan-säureestern sind von *Okawara, Takemoto* u. a. (*71*), von *Lorkowski* (*39*) sowie von *Lorkowski* und *Kieselack* (*48*) durchgeführt worden. *Okawara* setzte 1,1'-Bis-[hydroxymethyl]-ferrocen sowie 1,1'-Bis-[α-hydroxy-äthyl]-ferrocen mit Diisocyanaten (Tetramethylen-, Hexamethylen-,

4,4′-Diphenylmethan- und 3,3′-Ditolyl-4,4′-diisocyanat) um und erhielt Polyurethane. (Reaktionen in siedendem Toluol oder Anisol.)

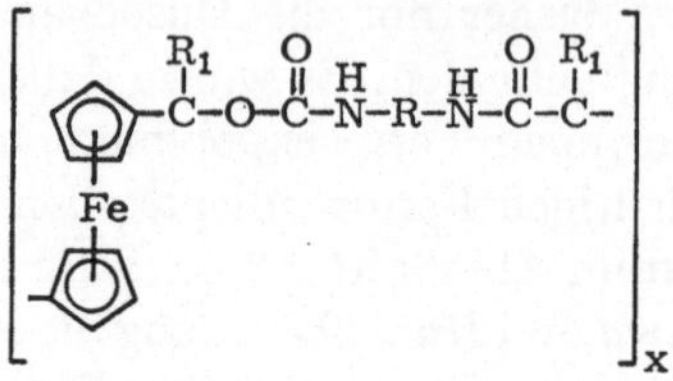

Elementaranalytisch wurde von den erhaltenen Polymeren nur der Stickstoff bestimmt. Die Analysenresultate liegen beträchtlich niedriger als die berechneten Werte. Das ist auch nicht verwunderlich, weil *Lorkowski* gefunden hat, daß die Reaktion von Isocyansäureestern mit α-Hydroxyalkyl-ferrocenen einen sehr unerwarteten Verlauf nimmt. Es bilden sich bei der Umsetzung von Arylisocyanaten mit Ferrocenalkoholen unter den von *Okawara* angegebenen Bedingungen keine Urethane, sondern zunächst sekundäre N-Ferrocenyl-alkyl-arylamine.

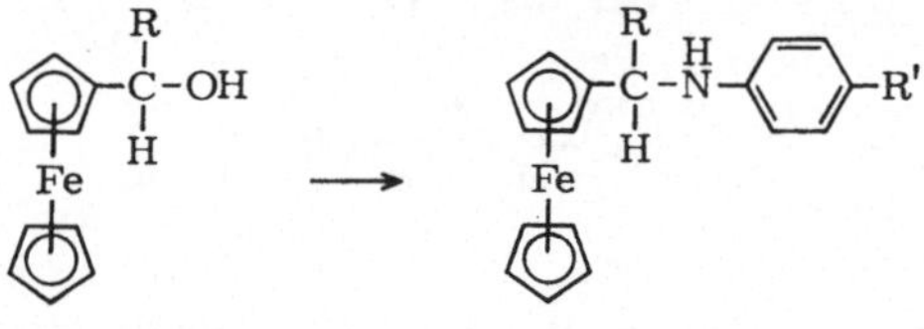

Diese können in einigen Fällen isoliert werden, in anderen Fällen tritt entweder Weiteralkylierung zum entsprechenden tertiären N,N-Bis-[ferrocenylalkyl]-arylamin oder Reaktion mit überschüssigem Arylisocyanat zum N,N′-Diaryl-N-ferrocenylalkylharnstoff ein.

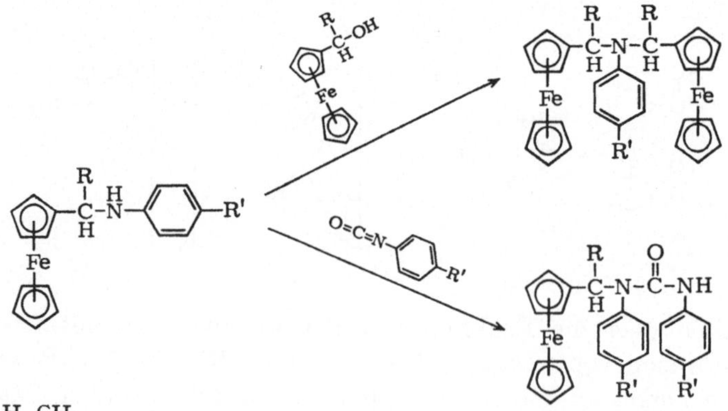

R = H, CH$_3$

R′ = H, OCH$_3$, NO$_2$

Nach unserer Literaturkenntnis sind so erstmals Amine durch Umsetzung von Alkoholen mit Isocyanaten hergestellt worden.

Bei der analogen Umsetzung mit Benzoylisocyanat bleibt die Reaktion auf der Stufe des dem sekundären Amin entsprechenden Säureamids stehen.

Der anomale Ablauf der Reaktionen von Ferrocenalkoholen mit Isocyanaten wird von *Lorkowski* auf die schon erwähnte besondere Stabilität der Ferrocenylcarbenium-Ionen zurückgeführt.

Die Reaktionen sind aber auch für die Polymerenchemie nicht ohne Interesse, weil sich bei der Umsetzung von Ferrocendialkoholen mit Monoisocyanaten ein neuer Syntheseweg für polymere tertiäre Amine ergeben sollte, wobei das Monoisocyanat wie eine bifunktionelle Verbindung reagieren würde.

In geringem Ausmaß konnte auch von *Lorkowski* und *Kieselack* (*48*) bei derartigen Umsetzungen eine Polyaminbildung beobachtet werden. Es traten aber zahlreiche Nebenreaktionen wie die oben erwähnte Harnstoffbildung und vor allem die interessante intramolekulare Cyclisierung zu bisher nicht bekannten überbrückten Ferrocenaminen ein (2-Aza-[3]-ferrocenophane).

NMR-spektroskopische Untersuchungen der überbrückten Ferrocenamine zeigten, daß in diesen die Ferrocenringe infolge der durch die —C—N—C-Brücke erzeugten Spannung aus ihrer coplanaren Lage gedreht sind (*45*).

Paushkin (*76*) setzte Hexamethylendiisocyanat in vierstündiger Reaktion bei 180° C und 25 atm direkt mit Ferrocen um und erhielt dabei in 73%iger Ausbeute ein unlösliches und unschmelzbares Polymeres, das nach dem Ergebnis der Elementaranalyse und IR-Spektroskopie die Struktur eines linearen Polyamids besitzt.

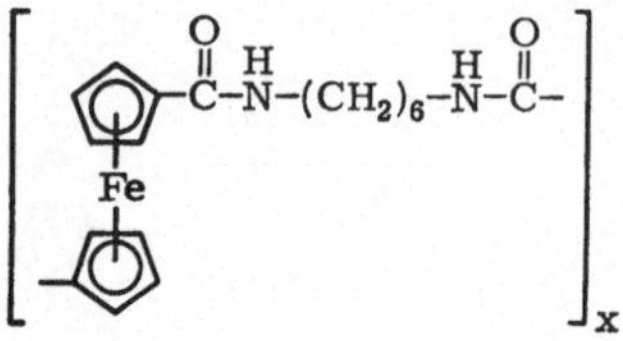

2.4. Polyrekombinationsreaktionen

1957 berichteten *Korshak, Sosin* und *Tschistjakova* (*35*) erstmalig über den Aufbau von Polymeren nach dem von ihnen entdeckten Prinzip der Polyrekombination. Nach dieser Methode wird eine Verbindung, die zwei zur Kettenübertragung neigende Gruppen im Molekül enthält, mit Peroxyden im Überschuß bei erhöhten Temperaturen umgesetzt. Es bilden sich dabei durch Übertragungsreaktion Radikale des Ausgangsmonomeren, die durch Rekombination zu Dimeren zusammentreten können.

$$Z.\,B. \quad R\!-\!R \rightarrow 2\ R\cdot$$
$$\text{Peroxyd} \quad \text{Radikal}$$

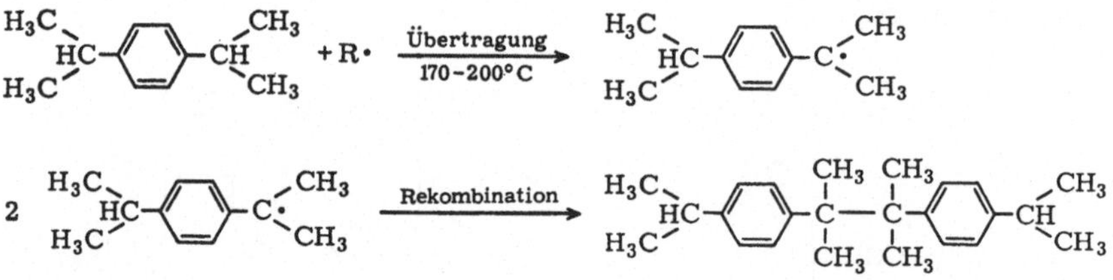

Durch Wiederholung des Übertragungs-Rekombinationsschrittes entsteht dann das Makromolekül. Da jeder Übertragungsschritt ein Peroxydradikal verbraucht, ist eine hohe Ausgangskonzentration an Peroxyden notwendig.

Mit der Polymerisation hat die Polyrekombination gemein, daß sie einen radikalischen Mechanismus besitzt. Sie unterscheidet sich jedoch dadurch von ihr, daß sie stufenweise abläuft und daß das Ausgangsmonomere eine ungesättigte Verbindung ist. Die Polykondensation ist mit der Polyrekombination in bezug auf den stufenweisen Ablauf und die Abspaltung niedermolekularer Produkte vergleichbar, im Unterschied zur Polykondensation ist die Polyrekombination jedoch nicht umkehrbar.

Korshak, *Sosin* und *Tschistjakova* (*36*, *37*) gewannen 1958 durch Polyrekombination ein Polymeres des 1,1'-Diisopropylferrocens, das einen Erweichungsbereich von 155—180° C und ein Molekulargewicht von 8200 besitzt. *Korshak*, *Sosin* und *Alekseeva* (*32*, *33*) führten die gleiche Reaktion am Ferrocen selbst durch und erhielten lineare und vernetzte Polymere mit einem Erweichungsbereich um 300° C.

Diese Polymeren besitzen im Unterschied zu den aus Diisopropylferrocen gewonnenen Produkten ungepaarte Elektronen (Konzentration: 10^{21}/g Polymeres; EPR-Signal mit einer Linienbreite von 120 Oersted bei 20° C).

In Arbeiten von *Nesmejanov*, *Korshak* u. a. (*56*, *58*) wurden die optisch-magnetischen Eigenschaften von den durch Polyrekombination gewonnenen Polyferrocenylenen und Polydiisopropylferrocenen sowie von den durch Friedel-Crafts-Reaktion aus Ferrocen und Methylenchlorid bzw. Äthylenchlorid hergestellten Poly-alkylferrocenen untersucht. Bis auf die Polydiisopropylferrocene wird bei allen Polymeren ein EPR-Signal gefunden, was auf die Anwesenheit ungepaarter Elektronen hinweist.

Das war an und für sich überraschend, da die Methylen- und Äthylenbrücken in den nach *Friedel-Crafts* hergestellten Polymeren die Konjugation unterbrechen müßten. *Wende* und *Lorkowski* (*100*) fanden daher auch in den von ihnen durch Polykondensation von Hydroxymethylferrocen hergestellten Poly-methylferrocenen keine EPR-Signale, obwohl die Produkte in ihrer Struktur den von *Nesmejanov* durch Umsetzung von Methylenchlorid mit Ferrocen hergestellten Polymeren entsprechen sollten.

Karimov und *Schtschegolev* (*26*) zeigten dann, daß die anomalen elektromagnetischen Eigenschaften der Poly-alkylferrocene auf Spuren paramagnetischer Verunreinigungen zurückzuführen sind. Weiterhin wird von diesen Polymeren jetzt angenommen (*16*), daß die Moleküle infolge partieller, durch das Aluminiumchlorid bedingter Zersetzung des Ferrocens auch Cyclopentan-Ringe zwischen den Ferrocen-Gliedern enthalten.

Dulov, *Slinkin* und *Rubinshtein* (*12*) untersuchten noch einmal die elektrischen und magnetischen Eigenschaften der Polyferrocene und Polyalkylferrocene und fanden, daß die elektrischen Eigenschaften der Polymeren sowohl durch den Konjugationsgrad in den einzelnen Poly-merketten als auch vorwiegend durch die Art der Packung und Wechselwirkung der Makromoleküle im Polymeren bestimmt werden. Das Erwärmen der Polymeren im Vakuum auf höhere Temperaturen (270° C) führt zu beträchtlichen Veränderungen ihrer physikalischen

Eigenschaften. Der elektrische Widerstand und die Aktivierungsenergie werden stark vermindert und die magnetische Leitfähigkeit um zwei bis drei Größenordnungen erhöht (was über die Bildung metallorganischer Verbindungen des Eisens mit dichtester Kugelpackung erklärt wird).

Sosin, Korshak und *Alekseeva* (*88*) erweiterten ihre Untersuchungen über die Polyrekombination von Ferrocenderivaten durch den Einsatz von Isobutylferrocen, Diisobutylferrocen, Isoamylferrocen und Cyanferrocen als Ausgangsprodukte. Außerdem wurden einige Ferrocencopolymere hergestellt. Die in Ausbeuten von 50—70% gewonnenen Polymeren sind dunkelbraune Pulver vom Molekulargewicht 3000—9000 und einem Erweichungsbereich von 175—240° C. Die Copolymeren sowie die Homopolymeren aus Cyanferrocen und Isobutylferrocen zeigen kein EPR-Signal, während das Polydiisobutylferrocen und das Polydiisoamylferrocen $2 \cdot 10^{20}$ ungepaarte Elektronen/g Polymeres besitzen. Es wird wegen der notwendigen Konjugation postuliert, daß hier die Polyrekombination hauptsächlich auf Kosten der H-Atome der Ferrocenringe abläuft und daß die Alkylsubstituenten von der Reaktion nicht berührt werden.

Alekseeva, Sosin u. a. (*1*) stellten durch Copolyrekombination von Dicresyldiphenylsilan mit Ferrocen Polymere folgender Struktur dar:

$$\left[(-CH_2-\!\!\langle\ \rangle\!\!-O-Si-O-\!\!\langle\ \rangle\!\!-CH_2-)_2 \quad Fe \right]_x$$

Die löslichen Polymerfraktionen haben eine sehr niedrige Erweichungstemperatur (35° C); die Temperaturbeständigkeit ist ebenfalls nicht sehr hoch.

Rosenberg und *Neuse* (*84*) führten eine Nachuntersuchung der Arbeiten von *Korshak* über die Polyrekombinationen des Ferrocens durch. Die von *Korshak, Sosin* und *Sladkov* (*34*) bei der Polyrekombination des Ferrocens erhaltenen hohen Molekulargewichte waren von ihnen nicht reproduzierbar. Außerdem deuten die von *Rosenberg* und *Neuse* erhaltenen elementaranalytischen Ergebnisse (C zu hoch, Fe zu niedrig) darauf hin, daß die Polyrekombinationen nicht einheitlich ablaufen. Als monomeres Nebenprodukt wird Ferrocenylmethyl-tert.butyläther isoliert. Für die Polymerenstruktur werden ebenfalls Brücken der Art

$$-CH_2-O-C(CH_3)_2-CH_2- \text{ oder } -CH\ O-C(CH_3)_3$$

angenommen. Auf diese wird die gefundene schlechte hydrolytische und thermische Stabilität zurückgeführt, die für ein vollaromatisches, konjugiertes System ungewöhnlich wäre. Thermogravimetrie unter Argon:

bei 300° C schon Gewichtsverluste
bei 500° C 70% Rückstand
bei 600° C 62—66% Rückstand.

Paushkin u.a. (*73, 75*) führte die Copolyrekombination von Ferrocen mit α-Bromnaphthalin, p-Dichlorbenzol, Salicylaldehyd und Benzaldehyd in Gegenwart von Ditertiärbutylperoxyd bei 175—200° C durch. Sie erhielten 3—39% lösliche, dunkelbraune Polymere (Molekulargewicht: 2000—3000) sowie 23—77% unlösliche, schwarze Polymere, die bei 500° C noch nicht schmelzen, z. B.:

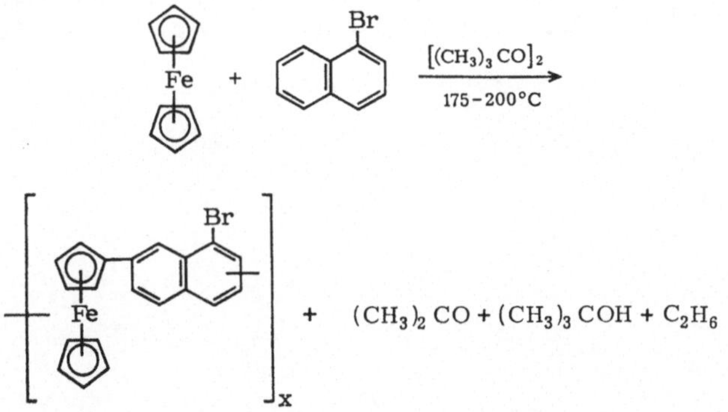

$$\text{Ferrocen} + \text{1-Bromnaphthalin} \xrightarrow[175-200\,°C]{[(CH_3)_3CO]_2}$$

$$\left[\begin{array}{c}\text{Ferrocen-Br-Naphthalin}\end{array}\right]_x + (CH_3)_2CO + (CH_3)_3COH + C_2H_6$$

Die Polyrekombination von Alkylferrocenen (i-Butyl-, i-Amyl-, i-Octyl-) ergab nur lösliche Polymere vom Erweichungsbereich 200 bis 300° C. Leitfähigkeitsmessungen zwischen 20 und 200° C zeigten, daß die Polymeren die für Halbleiter charakteristische exponentielle Temperaturabhängigkeit der Leitfähigkeit $\rho = \rho_0 \cdot e^{-E/kT}$ besitzen. Die spezifische elektrische Leitfähigkeit bei 50° C liegt zwischen $1 \cdot 10^{-15}$ und $5 \cdot 10^{-8}\ \Omega^{-1} \cdot cm^{-1}$ und die Aktivierungsenergie zwischen 1,74 und 0,47 eV.

2.5. Polykoordinationen (Chelatpolymere)

Berlin und *Kostroma* (*7*) setzten Ferrocen mit diazotierter p-Aminosalicylsäure und diazotiertem p-Aminosalicylaldehyd um und erhielten dabei die entspr. Tetrasalicyl-Derivate des Ferrocens. Diese Ferrocenderivate reagieren als Bis-Chelatliganden mit Metallsalzen zu Chelatpolymeren, die beim Erhitzen auf 120—150° C ferromagnetische Eigenschaften aufweisen.

H.-J. Lorkowski

2.6. Sonstige Methoden

Während bei allen bisher beschriebenen Verfahren zur Herstellung von Ferrocenpolymeren von vorgebildeten Ferrocenmolekülen ausgegangen wurde und die Verknüpfung zu Polymeren als Sekundärreaktion geschah, stellten *Lüttringhaus* und *Kullik* (*54*) die Polymeren nach einem grundsätzlich anderen Verfahren her. Sie gingen von α,ω-Dicyclopentadienylalkanen aus und die Ferrocenkomplexbildung fällt als letzte Stufe mit der Polymerenbildung zusammen. Hierbei können in einer Ausweichsreaktion entweder Ansaferrocene (Ferrocenophane) oder dimere cyclische Ferrocensysteme gebildet werden.

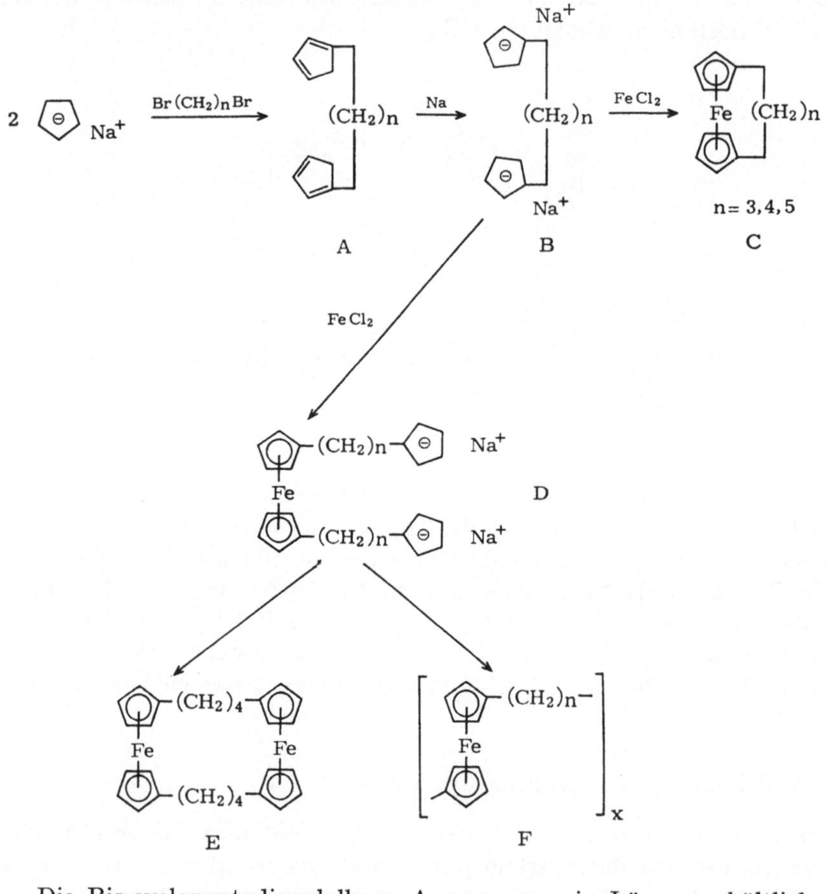

Die Bis-cyclopentadienylalkane A waren nur in Lösung erhältlich. Bei Entfernung des Lösungsmittels bilden sich in einer Poly-Diels-Alder-Reaktion vernetzte Kohlenwasserstoffpolymerisate der Art, wie sie von *Renner* (*81*) näher untersucht worden sind.

Die Polymerenbildung F war bei allen untersuchten Brückenlängen gegenüber der Reaktion zu C und E stark bevorzugt. Das beweist nach *Lüttringhaus*, daß den zur Cyclisation benutzten Dinatriumverbindungen eine weitgehend gestreckte, für den intramolekularen Ringschluß ungünstige, für intermolekulare, zu Polymeren führende Reaktionen dagegen vorteilhafte Konstellation zukommt. Die Ursache ist darin zu suchen, daß die metallorganischen Verbindungen Lösungsmittel wie Tetrahydrofuran benötigen, die auf eine Paraffinkette streckend wirken. Diesem Effekt ist der noch stärkere der gleichen Aufladung der beiden anionisierten Molekülenden überlagert, die sich zur maximal möglichen gegenseitigen Entfernung abstoßen.

Die Polymeren wurden über die Polyferrociniumsalze isoliert (Extraktion der organischen Phase mit saurer, wäßriger $FeCl_3$-Lösung, dann Reduktion der wäßrigen Phase mit Zinn(II)-chlorid oder Ascorbinsäure). Molekulargewichte wurden nicht bestimmt.

Sansoni und *Sigmund* (*86*) stellten Ferrocenpolymere auf einem prinzipiell anderen Weg dar, indem sie an ein schon vorgebildetes Makromolekül (Polystyrol) durch Reaktion an der Kette das Ferrocen als Substituent einführten.

Ferrociniumsulfat wurde mit Polystyrol-4-diazoniumsalz analog *Weinmayr* (*98*) aryliert.

$$\left[\begin{array}{c} CH_2 \\ CH-\!\!\!\bigcirc\!\!\!-N\!=\!N \end{array}\right]_x^{\ } + \left[\begin{array}{c} \text{Fe} \end{array}\right]^+ \xrightarrow[-N_2]{0,01n\ H_2SO_4} \left[\begin{array}{c} CH_2 \\ CH-\!\!\!\bigcirc\!\!\!- \text{Fe} \end{array}\right]_x$$

Auf 7 bis 8 Styroleinheiten tritt ein Ferrocenrest in das Molekül ein. Die Redoxeigenschaften der Polymeren wurden untersucht. In der reduzierten Form sieht das Polymere hell-ocker aus, während es als Ferrociniumsalz eine schmutzig braune Farbe besitzt. Das scheinbare Normal-Redoxpotential bei reduktiver potentiometrischer Titration mit Ti^{III}-Lösung beträgt 415 ± 10 mV, die Redoxkapazität 5,4 mVal/g getrocknetes Harz, hiervon sind ca. 2,4 mVal/g reversibel.

2.7. Die Aussichten der Ferrocenpolymer-Chemie

Wie bei der Besprechung der Ferrocenpolymere zum Ausdruck kam, sind die Ansichten über ihre Temperaturstabilität geteilt.

Während *Greber* und *Hallensleben* (*19*), *Berlin, Liogonkij* und *Parini* (*8*) sowie *Vishnjakova, Golubeva* und *Paushkin* (*93*) für die von ihnen hergestellten Polymeren eine hohe Wärmebeständigkeit ermitteln, finden z.B. *Mulvaney (55)*, *Plummer* und *Marvel (78)* sowie *Lorkowski*, *Pannier* und *Wende (49)* eine schlechtere Temperaturstabilität von Ferrocenpolymeren im Vergleich mit analog gebauten Polymeren auf Aromatenbasis.

Die Resultate, die in letzter Zeit bei der Untersuchung der thermischen Stabilität des Ferrocens selbst gefunden wurden, sprechen für die Ergebnisse der zuletzt genannten Autoren. Während *Wilkinson*, *Rosenblum* u.a. *(103)* gefunden hatten, daß das Ferrocen in Stickstoffatmosphäre bis 470° C stabil ist (diese Angabe wurde in zahlreiche zusammenfassende Darstellungen übernommen, z.B. *(13, 80)*, erschienen 1959 und 1962 Arbeiten, in denen die thermische Beständigkeit des Ferrocens nur noch mit 454° C *(25)* bzw. 400° C *(102)* angegeben wird. 1964 untersuchten *Andreev*, *Djagileva* und *Feklisov (2)* die thermische Stabilität des Ferrocens und fanden, daß es im Temperaturbereich von 400—470° C relativ schnell zersetzt wird. Als Zersetzungsprodukte wurden metallisches Eisen, Kohlenstoff, Methan und Wasserstoff isoliert. Es wird angenommen, daß der Primärschritt der Reaktion die Abspaltung eines H-Atoms unter Bildung von Ferrocenylradikalen ist.

Da bei der Substitution des Ferrocens und der anschließenden Polymerenbildung die Symmetrie des Moleküls gestört wird, ist anzunehmen, daß hierdurch die Temperaturstabilität noch einmal verringert wird.

Es ist also nicht zu erwarten, daß mit den noch zu entwickelnden Ferrocenpolymeren die Brauchbarkeitsgrenze der Kunststoffe wesentlich nach höheren Temperaturen verschoben wird.

Hiervon unbeeinflußt bleiben die großen Aussichten, die diese Polymeren auf Grund ihrer spezifischen Eigenschaften besitzen. Sowohl als Elektronenaustauscherharze als auch in Richtung auf die Entwicklung von Makromolekülen mit speziellen magnetischen und elektrischen Eigenschaften (organische Halbleiter) kommt den Ferrocenpolymeren in der Zukunft wahrscheinlich noch große Bedeutung zu.

3. Ferrocen als Plasthilfsstoff

3.1. Als Beschleunigerkomponente in Redoxsystemen

Erste zufällige Beobachtungen, daß durch Zugabe von Reduktionsmitteln die Geschwindigkeit von Polymerisationsreaktionen stark erhöht werden kann, gehen bis 1933 zurück.

W. Kern hat die Entwicklung der „Redoxkatalyse" in Deutschland und die dabei gewonnenen Erfahrungen zusammenfassend dargestellt *(27)*. Der Mechanismus der Redoxkatalyse ist auch heute noch weitgehend ungeklärt. Nur bestimmte Kombinationen von Oxydations- und Reduktionsmitteln führen zu einer Beschleunigung, und nicht nur das Redoxsystem, sondern auch die ungesättigte Verbindung ist von maßgebendem Einfluß auf den erzielbaren Effekt.

Die Perverbindung und das Reduktionsmittel werden bei der Reaktion verbraucht. Zwischen den beiden Komponenten des Redoxsystems muß sich eine Reaktion abspielen, die stöchiometrischen Gesetzen gehorcht. Wird eine Reaktionskomponente im Überschuß angewendet, so kann sie am Ende der Polymerisationsreaktion leicht nachgewiesen werden.

Weiter wurde gefunden, daß die redoxkatalysierte Polymerisation ungesättigter Verbindungen durch Zugabe von geringen Mengen an Metallsalzen noch einmal stark beschleunigt wird. Diese von *Kern* als Metallredoxkatalyse (*28*) bezeichneten Prozesse lassen sich bei Metallsalzen, die in mehreren Wertigkeitsstufen vorliegen können, durch eine Übertragungskatalyse erklären. Hiernach wird z. B. bei der Eisenredoxkatalyse das Fe^{2+} monovalent durch das Peroxyd unter Bildung von Peracylradikalen oxydiert und das Fe^{3+} anschließend durch das in zum Peroxyd stöchiometrischen Mengen eingesetzten Reduktionsmittel reduziert. Größere Schwierigkeiten macht die Erklärung der Metallredoxkatalysen bei den Metallen, bei denen die Annahme eines Wertigkeitswechsels nicht möglich ist. *Kern, Achon-Samblancat* und *Schulz* (*29*) untersuchten den Einfluß des Ferrocens auf das Redoxsystem Benzoylperoxyd-Benzoin bei der radikalischen Lösungspolymerisation des Styrols bei 50° C. Sie fanden, daß das Ferrocen analog zu anderen in organischen Medien löslichen Eisenverbindungen (Fe^{III}-Tribenzoat, Eisenacetylacetonat) einen beschleunigenden Effekt ausübt, der sehr stark von der angewendeten Ferrocenkonzentration abhängt. Die optimale Wirkung wird bei einer Konzentration von 0,0133 mMol Ferrocen auf ein System aus 0,1 Mol Styrol, 0,5 mMol Benzoylperoxyd und 0,5 mMol Benzoin erzielt. Auch Eisen(III)-tribenzoat und Eisen(III)-monobenzoat zeigen bei gleichen Konzentrationen die stärkste Wirksamkeit, woraus geschlossen wird, daß die Bindungsart des angewandten Eisens nicht von maßgeblichem Einfluß ist. Das Absinken der Wirksamkeit des Eisens beim Abweichen von der optimalen Konzentration wird folgendermaßen erklärt: Bei niedrigen Konzentrationen entstehen aus XIII nicht genügend Radikale, oder die Reduktion des dreiwertigen Eisens durch das Benzoin verläuft zu langsam.

(XIII)

Bei zu hohen Eisenkonzentrationen werden die Perbenzoylradikale durch überschüssiges Fe^{2+} reduziert.

In Übereinstimmung mit dem vorgeschlagenen Mechanismus der Metallredoxkatalyse wirkt das Ferrocen für sich allein nicht als Polymerisationskatalysator. Die Kombination Benzoylperoxyd-Ferrocen ohne Anwesenheit der zum Benzoylperoxyd stöchiometrischen Menge Benzoin zeigt nach *Kern* ebenfalls in Übereinstimmung mit der Theorie kaum eine Wirkung auf die Polymerisation des Styrols. Die in diesem Falle entstehende schwarze Farbe der Lösung deutet eine Zerstörung der Eisenverbindung an; der gefundene niedrige Umsatz zu Polystyrol läßt vermuten, daß auch das Peroxyd zerstört wurde, ohne daß eine Wachstumsreaktion eintrat.

Die Umsetzung von Benzoylperoxyd mit Ferrocen ist mehrfach untersucht worden. *Pausacker* (72) stellte fest, daß das Ferrocen mit Benzoylperoxyd in benzolischer Lösung fast vollständig unter Bildung von Fe(III)-benzoat reagiert. Da weder Kohlendioxyd noch Diphenyl aus dem Reaktionsgemisch isoliert werden können, wird postuliert, daß das Ferrocen einen wirksamen „Radikalfänger" für Benzoyloxyradikale darstellt. Die von *Kern* gefundenen Ergebnisse werden von *Pausacker* durch die Bildung des Eisenbenzoats aus dem Ferrocen und Benzoylperoxyd erklärt.

Beckwith und *Leydon* (5, 6) setzten ebenfalls Benzoylperoxyd mit Ferrocen in benzolischer Lösung um und fanden, daß sich in hoher Ausbeute Ferrocenylbenzoat bildet.

Die Reaktion muß über die intermediäre Bildung von Ferrocinium-Ionen ablaufen, weil bei einem Versuch der kontinuierlichen Extraktion des Reaktionsgemisches mit verdünnter Schwefelsäure während der Reaktion die Ausbeute an Ferrocenylbenzoat stark herabgesetzt wurde.

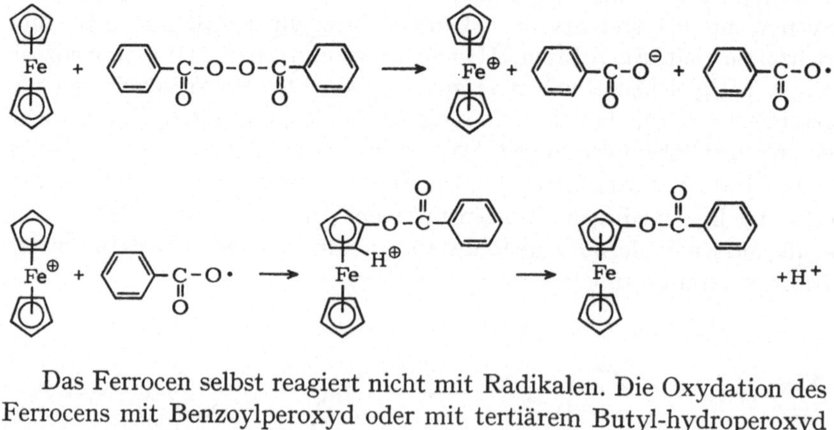

Das Ferrocen selbst reagiert nicht mit Radikalen. Die Oxydation des Ferrocens mit Benzoylperoxyd oder mit tertiärem Butyl-hydroperoxyd ist eine gute Methode für die Herstellung von Lösungen oder feinverteilten Suspensionen von Eisensalzen in organischen Lösungsmitteln, wie sie als Katalysatoren für freie Radikalreaktionen dienen können.

Im Gegensatz zu den Arbeiten von *Kern* fanden *Lorkowski* und *Wende* (*50*), daß die peroxydische Polymerisation ungesättigter Verbindungen schon ohne zusätzliche Zugabe irgendwelcher Reduktionsmittel durch Ferrocen bzw. seine Substitutionsprodukte beschleunigt wird.

Bei einer Reihe handelsüblicher Peroxyde (z.B. Benzoylperoxyd, Cyclohexanonperoxyd, Lauroylperoxyd, Bis-[1-hydroxycyclohexyl]-peroxyd, Methyläthylketonperoxyd) wurde untersucht, inwieweit sie sich durch das Ferrocen in bezug auf ihre Fähigkeit zur Initiierung von Polymerisationen aktivieren lassen. Wirksam war nur das Benzoylperoxyd (*43*). Folgende Substanzpolymerisationen wurden bisher zum Testen des Beschleunigereffektes ausgewählt:

1. Die Polymerisation des Acrylnitrils.
2. Die Copolymerisation von Styrol mit Butadien.
3. Die Copolymerisation von Styrol mit ungesättigten Polyesterharzen.

In allen drei Fällen war durch das Ferrocen eine sehr starke Erhöhung der Reaktionsgeschwindigkeit zu verzeichnen. Während bei den nur mit Benzoylperoxyd versetzten Systemen auch nach einigen Stunden noch keine exotherme Reaktion zu beobachten war, trat bei den ferrocenbeschleunigten Proben die Copolymerisation des Styrols mit den ungesättigten Polyesterharzen schon nach einigen Minuten und die Copolymerisation des Polybutadiens mit Styrol sowie die Polymerisation des Acrylnitrils nach ein bis zwei Stunden unter beträchtlicher Wärmeentwicklung ein. Interessant ist ferner, daß für diese Polymerisationen das optimale molare Verhältnis von Ferrocen zu Benzoylperoxyd 1 : 35 beträgt und damit fast genau dem Verhältnis entspricht, das von *Kern* für die Metallredoxkatalyse gefunden wurde (Ferrocen : Benzoin : Benzoylperoxyd = 1 : 38 : 38). Es ist zu fragen, ob das Reduktionsmittel Benzoin in den von *Lorkowski* und *Wende* untersuchten Systemen durch irgendeine andere reduzierend wirkende Substanz ersetzt wird, so daß auch hier das Ferrocen nur im Sinne einer Übertragungskatalyse wirken würde. Unterstützt wird diese Hypothese durch die bei der Copolymerisation des Styrols mit dem Polyesterharz auftretenden Farbänderungen. Zu Beginn der Polymerisationsreaktion schlägt die vom Ferrocen herrührende gelborange Färbung der Lösung in eine grüne Färbung um, die wahrscheinlich auf die Bildung von Ferrocinium-Ionen zurückzuführen ist, während bei Beendigung der Polymerisationsreaktion die Ausgangsfärbung wieder erscheint.

Weiterhin konnte festgestellt werden, daß das Ferrocen im oxydierten Zustand (Ferrocinium-tetrabromoferrat(III) und Ferrocinium-tetrachloroferrat(III)) die gleiche Beschleunigungswirkung auf die Polymerisationen ausübt.

Durch genauere Untersuchung der Ferrocen-Peroxyd-Systeme werden sich noch wichtige Einblicke in den Mechanismus der Redoxkatalyse bzw. Metall-Redoxkatalyse gewinnen lassen. Das Ferrocen bietet wegen seiner guten Substituierbarkeit die Möglichkeit, das Redoxpotential durch Einführung von Substituenten zu verändern. Es ist bekannt, daß die Substitution des Ferrocens durch elektronenspendende Gruppen seine Neigung zu Oxydationsreaktionen erhöht, während Elektronenacceptoren den gegenteiligen Effekt bewirken. (So werden Aminoferrocen und Hydroxyferrocen schnell an der Luft oxydiert, während 1,1'-Diacetylferrocen im Gegensatz zum Ferrocen selbst durch Eisen(III)-chlorid nicht oxydiert wird.)

Lorkowski hat zahlreiche Ferrocenderivate auf ihre Fähigkeit zur Aktivierung der Copolymerisation von Styrol und ungesättigten Polyesterharzen getestet (*43, 50*). Es zeigt sich, daß die Aktivität im wesentlichen durch die Lage des Redoxpotentials bestimmt wird und die Aushärtungsgeschwindigkeit ungesättigter Polyesterharze z.B. in folgender Reihenfolge der Ferrocenderivate abnimmt:

> 1,1'-(Dimethylenoxy)-ferrocen,
> Ferrocen,
> Vinylferrocen,
> 1,1'-Bis-(α-hydroxyäthyl)-ferrocen,
> Acetylferrocen,
> Benzoylferrocen,
> α-Hydroxyäthyl-ferrocen,
> Hydroxymethylferrocen,
> N,N-Bis-(ferrocenylmethyl)-anilin,
> Diacetylferrocen,
> Ferrocencarbonsäure.

Bei der Ferrocendicarbonsäure ist überhaupt keine aktivierende Wirkung mehr feststellbar.

Außer dem theoretischen Interesse, das den Ferrocen-Redox-Polymerisationen entgegengebracht werden muß, besitzen sie aber auch eine nicht zu unterschätzende praktische Bedeutung. Von *Lorkowski* und *Wende* wurde gefunden, daß das System Benzoylperoxyd-Ferrocen z.B. die Copolymerisation von ungesättigten Polyesterharzen mit Styrol viel stärker aktiviert als die bisher für die Aushärtung dieser Gießharze angewendeten Initiator-Beschleuniger-Systeme (*50, 52, 53*). Der besondere Vorteil des Ferrocen-Beschleunigers liegt hierbei in seiner Wirksamkeit auch bei Temperaturen um 0° C, so daß dem Einsatz der ungesättigten Polyester sowohl auf dem Gebiet der glasfaserverstärkten Kunststoffe als auch auf dem Gießharzsektor neue Anwendungsgebiete erschlossen werden können. Weitere Vorteile des Ferrocens sind seine gute Dosierbarkeit, seine ausgezeichnete Löslichkeit in allen in Frage kommenden organischen Lösungsmitteln und die gute Lagerbeständigkeit der hergestellten Beschleunigerlösungen.

Die vernetzende Copolymerisation von Polybutadienen mit Styrol beginnt vor allem für die Elektroindustrie wegen der so entstehenden völlig unpolaren und ausgezeichnet isolierenden duroplastischen Formkörper eine immer größere Rolle zu spielen. Da das Polybutadien jedoch bei tiefen Temperaturen sehr reaktionsträge ist, muß die Copolymerisation durch besonders aktive Redoxsysteme eingeleitet werden. Auch hier besitzt das System Benzoylperoxyd-Ferrocen eine hervorragende Bedeutung, wie von *Lorkowski* gefunden wurde (*41, 42, 44, 51, 101*).

Schließlich bietet Ferrocen auch bei der Aushärtung spezieller Klebstoffsysteme Vorteile (47).

Zusammenfassend läßt sich sagen, daß dem Ferrocen sowohl für die Theorie als auch für die Praxis der Redoxkatalyse gute Aussichten gegeben werden können.

3.2. Als UV-Absorber, Antioxydans und Stabilisator

Wilkus und *Berger* (*104, 105*) stellten durch Umsetzung des Ferrocen mit siliciumhaltigen Säurechloriden nach Friedel-Crafts Ferrocenorganopolysiloxane her, die als Antioxydantien und UV-Absorber dienen können. *Lorkowski* und *Wende* (*53*) untersuchten, inwieweit Ferrocen als Beschleuniger bei der Aushärtung ungesättigter Polyesterharze die gleichzeitige Anwendung eines UV-Absorbers erübrigt. Es zeigte sich jedoch, daß das Ferrocen als alleiniger UV-Absorber nicht ausreicht und in seiner Wirksamkeit vom 2-Hydroxy-4-methoxy-benzophenon übertroffen wird. *Hormann* (*24*) verwendete Ferrocenderivate als UV-Absorber in Satellitenüberzügen. Während alle herkömmlichen UV-Absorber unter Weltraumbedingungen unwirksam sind, verliehen die untersuchten Ferrocenderivate (2-Hydroxy-benzoylferrocen und 2-Methoxy-benzoylferrocen) den organischen Schutzlacken eine gute Stabilität. Nachteilig ist ihre intensive Farbe, die zu hoher Strahlungsabsorption führt. Es wurden deshalb die entsprechenden Osmocen- und Ruthenocen-Derivate wegen ihrer geringen Eigenfärbung ebenfalls untersucht. Sie zeigen die gleich gute Wirksamkeit wie die Ferrocenderivate.

4. Ruthenocenpolymere

1966 hat erstmalig *Neuse* Polymere auf Ruthenocenbasis durch Schmelzpolykondensation von Ruthenocen mit Aldehyden in Gegenwart von Zinkchlorid hergestellt (*60*).

$$(n+1)\ \text{Ru} + n\ \text{R-CHO} \longrightarrow \text{H}\left[\text{Ru}\ \text{Ru}\right]_n + n\ H_2O$$

(XIII a)

a) $R = H$ d) $R = o\text{--}C_6H_4\text{--}OH_3$
b) $R = CH_3$ e) $R = p\text{--}C_6H_4\text{--}COOH$
c) $R = C_6H_5$ f) $R = p\text{--}C_6H_4\text{--}OH$

Im Vergleich zu analogen Ferrocenpolykondensationen sind bei Ruthenocen härtere Reaktionsbedingungen (höhere Temperaturen, höhere Katalysatorkonzentrationen und längere Erhitzungszeiten) erforderlich, was sich durch die schon bei Friedel-Crafts-Reaktionen beobachtete Verminderung der Nucleophilie in der Reihe Ferrocen-Ruthenocen-Osmocen erklärt.

Die Polymeren sind weiß bis hellgrau, weil das Ruthenocen im Gegensatz zum Ferrocen im sichtbaren Spektralgebiet nicht absorbiert. Ihre potentiellen Anwendungsgebiete liegen daher besonders dort, wo Stabilität gegen energiereiche Strahlung gekoppelt mit hoher Reflektion verlangt wird (z.B. in der Weltraumfahrt).

Außerdem sind die Ruthenocenpolymeren in ihrer thermischen und oxydativen Beständigkeit den analogen Ferrocenpolymeren überlegen (z.B. Gewichtsverlust beim thermogravimetrischen Abbau unter Luft vom Polymeren (XIIIa) bis 600° C: 25%; Gewichtsverlust der analogen Ferrocenpolymeren: 75%).

Die erhöhte Stabilität steht gut in Übereinstimmung mit potentiometrischen, thermochemischen und massenspektrometrischen Untersuchungen an monomeren Metallocenen des Eisens und Rutheniums.

Typen von Ferrocenpolymeren (Fc = Ferrocen)

Struktur	Nr.	MG	Fp (°C)	Ausb. (%)	Methode	Literaturstelle
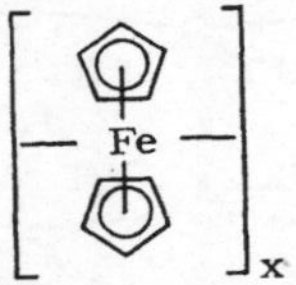	1	2500	300	16	Polyrekombination	(32)
	2	—	> 375	<1	aus $Fc(HgCl)_2$	(79)
	3	1400	240 (Z)	51	$Fc(Li)_2 + CoCl_2$	(89, 96)
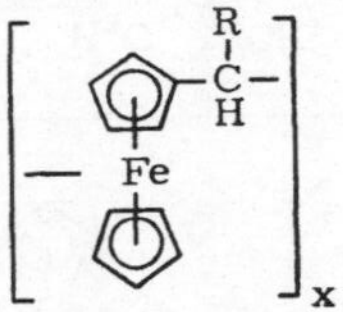	4	~3000	130—145	60—80	Ferrocenalkohole + BF_3	(100)
	5	1000—6000	130—150	80—90	Ferrocenalkohole + $ZnCl_2$	(69)
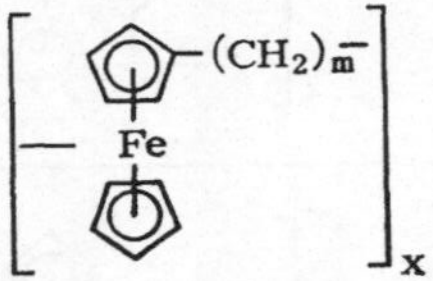	6	—	—	5	$Fc + Cl(CH_2)_nCl + AlCl_3$ (n = 1 oder 2)	(56)
	7	—	78—79	—	α,ω-Dicyclopentadienylalkane + $FeCl_2$ (n = 3,4,5)	(54)
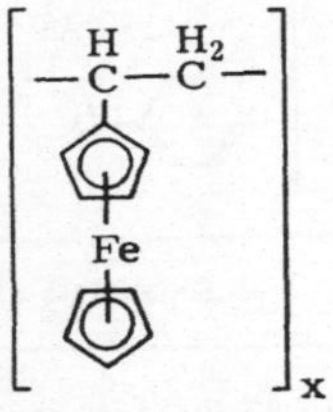	8	48000	290	35	Polymerisation von Vinylferrocen	(23)

Typen von Ferrocenpolymeren (Fc = Ferrocen) (Fortsetzung)

Struktur	Nr.	MG	Fp (°C)	Ausb. (%)	Methode	Literaturstelle
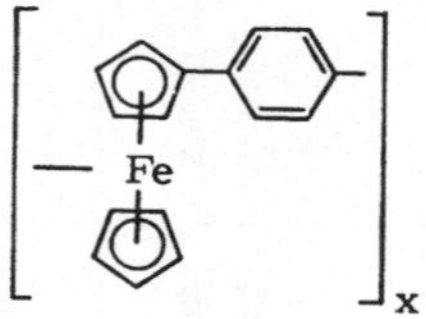 (Ferrocen-phenylen-Struktur)	9	1000—1400	—	—	Fc + diazotiertes Benzidin	(7, 38)
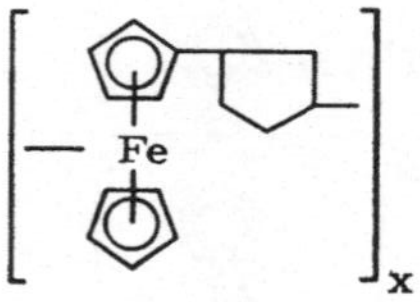 (Ferrocen-cyclopentan-Struktur)	10	2500	130—135	5—15	Fc + AlCl$_3$ (Fc + ZnCl$_2$)	(11) (61)
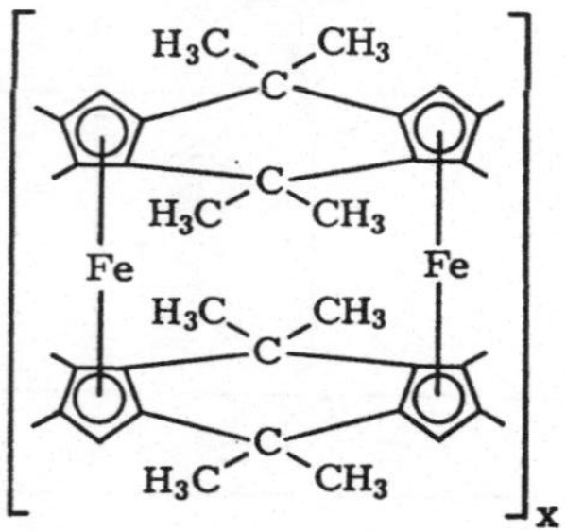 (Ferrocen-Dimethylmethylen-Struktur)	11	3000	320—360	54	Fc + Aceton + ZnCl$_2$	(73)

Typen von Ferrocenpolymeren (Fc = Ferrocen) (Fortsetzung)

Struktur	Nr.	MG	Fp (° C)	Ausb. (%)	Methode	Literaturstelle
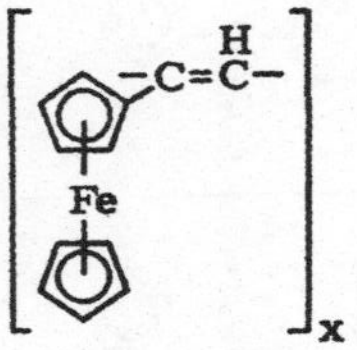 (Struktur 12)	12	3600	210—270	20	Acetylferrocen + $ZnCl_2$	(73)
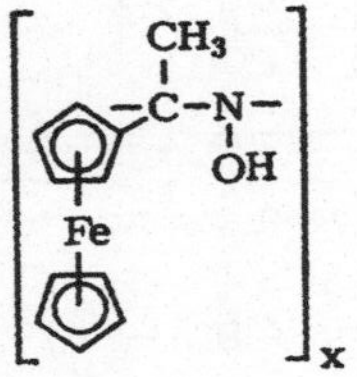 (Struktur 13)	13	unlösl.	> 500	fast quantitativ	Polymerisation von Acetylferrocenoxim	(76)
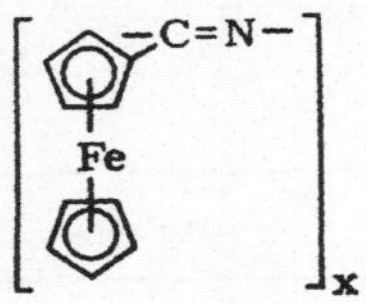 (Struktur 14)	14	1600	350—400	87	Fc-carbonsäureamid + $ZnCl_2$	(76, 93, 94)

Typen von Ferrocenpolymeren (Fc = Ferrocen) (Fortsetzung)

Struktur	Nr.	MG	Fp (°C)	Ausb. (%)	Methode	Literaturstelle
Struktur 15 ($m = 0$ oder 1)	15		abhängig von R und m			(19, 20)
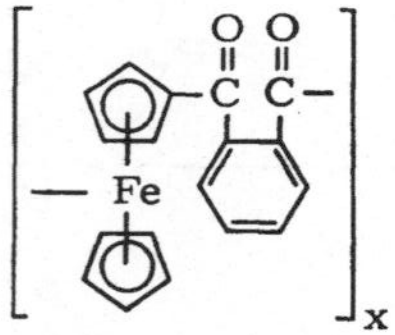 Struktur 16	16	2300 (lösl. Anteil)	350 (lösl. Anteil)	36 (7% lösl. Produkte)	Fc + Phthalsäureanhydrid + ZnCl$_2$	(76)
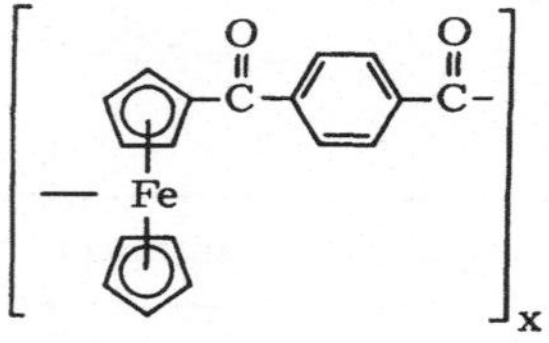 Struktur 17	17	4000	—	—	Fc + Terephthalsäurechlorid + Lewis-Säure	(75)

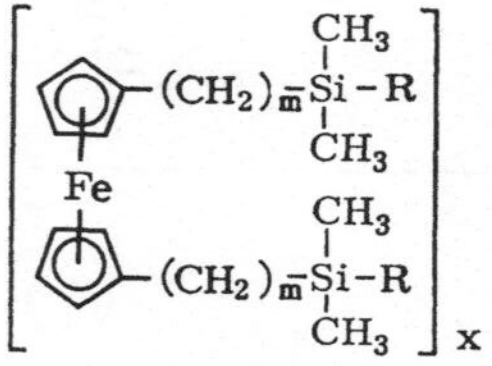

Typen von Ferrocenpolymeren (Fc = Ferrocen) (Fortsetzung)

Struktur	Nr.	MG	Fp (°C)	Ausb. (%)	Methode	Literaturstelle
[Fc–CO–]$_x$	18	4700	—	30—40	Fc+Fc(COCl)$_2$+Lewis-Säure	(68)
[Fc–CO–O–R–O–CO–]$_x$	19	6200	150—220	—	Fc(COCl)$_2$ + Diole	(30, 92)
[Fc–CO–NH–R–NH–CO–]$_x$	20	8000—12000	abhäng. v. R	79—93	Grenzflächenpolykondensation	(30)
[Fc–CO–NH–NH–CO–R–CO–NH–NH–CO–]$_x$	21	—	> 250 (Z)	70—80	Fc(COCl)$_2$ + Dicarbonsäure-dihydrazide	(49)

Typen von Ferrocenpolymeren (Fc = Ferrocen) (Fortsetzung)

Struktur	Nr.	MG	Fp (° C)	Ausb. (%)	Methode	Literaturstelle
	22	—	—	—	Diacetylferrocen + Hydrazin	*(31, 59)*
	23	—	—	90	1,1′-Ferrocenylendiborsäure + 3,3′-Diaminobenzidin	*(55)*
	24	—	—	—	1,1′-Ferrocendicarbonsäure-diphenylester + 3,3′-Diaminobenzidin	*(78)*
	25	—	> 300 (Z.)	80—90	a) Polyferrocenhydrazide + $POCl_3$ b) $Fc(COCl)_2$ + 1,4-Bis-[tetrazolyl-(5)]-benzol	*(49)*

5. Literatur

1. *Alekseeva, V., S. L. Sosin* u. *V. V. Korshak:* Die Synthese von Polymeren aus tetrasubstituierten Silanen durch Polyrekombination. Hochmolekulare Verbind. (russ.) *8*/11, 1920 (1966).
2. *Andreev, B. J., L. M. Djagileva* u. *G. I. Feklisov:* Die thermische Stabilität des Ferrocens. Ber. Akad. Wiss. UdSSR *158*/6, 1348 (1964).
3. *Arimoto, F. S.,* and *A. C. Haven jr.:* Derivatives of Dicyclopentadienyliron. J. Amer. chem. Soc. *77*, 6295 (1955).
4. *Ban, K., T. Saegusa,* and *J. Furukawa:* Preparation of Polymers having Ferrocene unit in the main chain. Kogyo Kagaku Zasshi *69* (1) 148 (1966).
5. *Beckwith, A. L. J.,* and *R. J. Leydon:* The Mechanism of the Reaction of Ferrocene with free-radical Reagents. Tetrahedron Letters Nr. 6, 385 (1963).
6. — — Free-Radical Substitution of Ferricinium Ion. The Mechanism of the Arylation of Ferrocene. Tetrahedron *20*, 791 (1964).
7. *Berlin, A. A.,* u. *T. V. Kostroma:* Verfahren zur Synthese von Ferrocenderivaten. Russ. Pat. 129 018 (1960).
8. — *B. I. Liogonkij* u. *V. P. Parini:* Polymere mit konjugierten Bindungen und Heteroatomen in der Konjugationskette. Hochmolekulare Verbind. (russ.) *5*, 330 (1963).
9. *Coleman jr., L. E.,* and *N. A. Meinhardt:* Polymerization Reactions of Vinyl Ketones. Fortschr. Hochpolymeren Forsch. *1*, 159 (1959).
10. —, and *M. D. Rausch:* α,β-Unsaturated Ketones. II Copolymerizsation Reactions of trans-Cinnamoylferrocene. J. Polymer Sci. *28*, 207 (1958).
11. *Cottis, S. G.,* and *H. Rosenberg:* The Cleavage of Ferrocene by Aluminium Chloride Poly(cyclopentylferrocenes). J. Polymer Sci., Part B, Polym. Letters *2*/3, 295 (1964).
12. *Dulov, A. A., A. A. Slinkin* u. *A. M. Rubinshtein:* Elektrische und mechanische Eigenschaften thermisch behandelter Ferrocenpolymerer. Hochmolekulare Verbind. (russ.) *5*, 1441 (1963).
13. *Fischer, E. O.,* and *H. P. Fritz:* Compounds of Aromatic Ring Systems and Metals. Adv. Inorg. Chem., and Radiochem., *1*, 56 (1959).
14. *Frazer, A. H., W. Sweeny,* and *F. T. Wallenberger:* Poly(1,3,4-Oxydiazoles). A new Class of Polymers by Cyclodehydration of Polyhydrazides. J. Polymer Sci. *A 2*, 1157 (1964).
15. *Göller, W.:* Über die Synthese von Ferrocenderivaten und ihren Einbau in Makromoleküle durch Polykondensation. Diss. Stuttgart, Technische Hochschule 1958.
16. *Goldberg, S. I.:* Pentaethanodiferrocene. J. Amer. chem. Soc. *84*, 3022 (1960).
17. *Golubeva, I. A.,* u. *T. P. Vishnjakova:* Die Heteropolykondensation von Acetylferrocen mit Harnstoff. Plast. Massen (russ.) Nr. 12, 10 (1965).
18. *Greber, G.,* u. *M. L. Hallensleben:* Ferrocenhaltige siliciumorganische Polymere. Angew. Chem. *77*, 726 (1965).
19. — — Über oligomere Siliciumverbindungen mit funktionellen Gruppen. 17. Mitt. Herstellung und Polyadditionsreaktionen des 1,1'-Bis-(dimethylhydrosilyl)-ferrocens. Makromolekulare Chem. *83*, 148 (1965).
20. — — Synthese von bifunktionellen siliciumorganischen Ferrocenderivaten und ihre Überführung in Polymere. Makromolekulare Chem. *92*, 137 (1966).
21. *Hata, K., I. Motoyama,* and *H. Watanabe:* Bull. Chem. Soc. Japan *36*, 1698 (1963).
22. — — — The direct formation of bifenocenyl and polyferrocenyl from ferrocenyl lithium. Bull. Chem. Soc. Japan *37*, 1719 (1964).

23. *Haven jr., A. C.:* Cyclopentadienyl (vinylcyclopentadienyl) iron and Polymers thereof. USP 2821512, angemeldet 26. 10. 1953, patentiert 28. 1. 1958.
24. *Hormann, H. H.:* Novel ultraviolet radiation absorbers in satellite temperature control coatings. Ind. and Engng. Chem., Prod. Res. and Development *5*/1, 92 (1966).
25. *Johns, J. B., E. A. Mc Elhil,* and *J. O. Smith:* J. Chem. Engng. Data *70*, 277 (1962).
26. *Karimov, I. S.,* u. *I. F. Schtschegolev:* Über magnetische Eigenschaften von Ferrocenpolymeren. Ber. Akad. Wiss. UdSSR *146*, 1370 (1962).
27. *Kern, W.:* Katalyse der Polymerisation ungesättigter Verbindungen mit Hilfe von Redoxsystemen. Makromolekulare Chem. *1*, 209 (1947).
28. — Metallredoxkatalyse der Polymerisation ungesättigter Verbindungen. Makromolekulare Chem. 1, 249 (1947).
29. — *M. A. Achon-Samblancat* u. *R. C. Schulz:* Die Anwendung von Dicyclopentadienyl-Eisen bei der Eisen-Redox-Polymerisation von Styrol. Makromolekulare Chem. *88*, 763 (1957).
30. *Knobloch, F.,* and *W. Rauscher:* Condensation Polymers of Ferrocen Derivatives. J. Polymer Sci. *54*, 651 (1961).
31. *Korshak, V. V.:* Dissertation 1964, UdSSR, zitiert bei (94).
32. — *S. L. Sosin* u. *V. P. Alekseeva:* Über die Synthese neuer Typen linearer Polymerer durch Polyrekombination. Ber. Akad. Wiss. UdSSR *132*/2, 360 (1960).
33. — — — Synthese neuer Typen von linearen Polymeren. Hochmolekulare Verbind. (russ.) *3*, 1332 (1961).
34. — —, and *A. M. Sladkov:* Synthesis and some electrophysical properties of polymers with system of conjugated bonds. J. Polymer Sci. C, Nr. 4, 1315 (1964).
35. — — u. *M. V. Tschistjakova:* Nachr. Akad. Wiss. UdSSR, Abt. chem. Wiss. (russ.) *1957*, 1271.
36. — — — Ber. Akad. Wiss. UdSSR (russ.) *121*/12, 299 (1958).
37. — — — Die Synthese hochmolekularer Verbindungen durch Polyrekombination. Hochmolekulare Verbind. (russ.) *1*, 937 (1958).
38. *Kotrelev, V. N., S. P. Kalinina* u. *G. I. Kuznesova:* Polymere auf Basis des Ferrocens und seiner Derivate. Plast. Massen (russ.) Nr. 3, 24 (1961).
39. *Lorkowski, H.-J.:* Über Ferrocenderivate. II. Die Reaktion von Hydroxyalkylferrocenen mit Isocyanaten. J. prakt. Chem. [4] *23*, 98 (1964).
40. — Über Ferrocenderivate. III. Die Synthese von Methoxy- und Hydroxyarylferrocenen. J. prakt. Chem. [4,] *27*, 6 (1965).
41. — Kohlenwasserstoffgießharze. Preprint der I. Internationalen Tagung über GFK und Epoxydharze vom 22.—27. 3. 1965 in Berlin-Adlershof.
42. — Kohlenwasserstoff-Gießharze auf Polybutadienbasis. Plaste u. Kautschuk *13*, 460 (1966).
43. — Unveröffentl. Versuche.
44. — Kohlenwasserstoff-Gieß- und Laminierharze. Preprint der II. Internationalen Tagung über glasfaserverstärkte Kunststoffe und Gießharze vom 13.—18. 3. 1966 in Berlin.
45. — *G. Engelhardt, P. Kieselack* u. *H. Jancke:* Über Ferrocenderivate VII. NMR-spektroskopische Untersuchungen an überbrückten Ferrocenen. J. organometallic Chem., 7, 523 (1967)
46. — u. *B. Falk:* Versuche zur Veresterung und Polyveresterung von primären und sekundären Ferrocenmono- und -dialkoholen. Unveröffentl. Versuche (Dipl.-Arb. B. Falk, Humboldt-Universität, 1964) Berlin.

47. — *P. Fijolka* u. *A. Wende:* Verfahren zum Verkleben von Metallen und nicht-metallischen Werkstoffen. DWP 39806.

48. — u. *P. Kieselack:* Über Ferrocenderivate VI. Reaktionen von α-Hydroxy-alkylferrocenen mit Isocyansäureestern. Chem. Ber. *99*, 3619 (1966).

49. — *R. Pannier* u. *A. Wende:* Über Ferrocenderivate VIII. Die Darstellung von monomeren und polymeren Ferrocenylenoxadiazolen. J. prakt. Chem., [4], 35, 149, (1967).

50. — u. *A. Wende:* Über Ferrocenderivate IV. Die Aktivierung der peroxydischen Polymerisation durch Ferrocen und seine Substitutionsprodukte. Plaste u. Kautschuk *12*, 527 (1965).

51. — — Verfahren zur Herstellung von festen Kohlenwasserstoffharzen. DWP 37238.

52. — — Verfahren zum Aushärten von ungesättigten Polyesterharzen. DWP 39802.

53. — — Über Ferrocenderivate V. Die Kalthärtung ungesättigter Polyesterharze mit Ferrocen als Beschleuniger. Plaste u. Kautschuk *13*, 526 (1966).

54. *Lüttringhaus, A.,* u. *W. Kullick:* Oligomethylenferrocene. Monomere ("Ansa-Ferrocene"), Dimere und höhere Polymere. Makromolekulare Chem. *44—46*, 669 (1961).

55. *Mulvaney, J. E., J. J. Bloomfield,* and *C. S. Marvel:* Polybenzborimidazolines. J. Polymer Sci. *62*, 59 (1962).

56. *Nesmejanov, A. N., V. V. Korshak, V. V. Voevodskij, N. S. Kotschetkova, S. L. Sosin, R. B. Materikova, T. N. Bolotnikova, V. M. Tschibrikin* u. *N. M. Bazin:* Die Synthese und einige optisch-magnetische Eigenschaften von Polyferrocenen. Ber. Akad. Wiss. UdSSR (russ.) *137/6*, 1370 (1961).

57. — u. *I. I. Kritskaja:* Über die Kondensation des Ferrocens mit Aldehyden. Nachr. Akad. Wiss. UdSSR, Abt. chem. Wiss. (russ.)*1956*, 253.

58. — *A. M. Rubinshtein, G. L. Slonimskij, A. A. Slinkin, N. S. Kotschetkova* u. *R. B. Materikova:* Untersuchung der magnetischen Eigenschaften von Poly-alkanopolyferrocenen und Polyferrocenylenen. Ber. Akad. Wiss. UdSSR (russ.) *138*, 125 (1961).

59. *Neuse, E. W.:* Ferrocene-containing Polymers: Polycondensation of Ferrocene with Aldehydes. Nature, *204*, 179 (1964).

60. — Metallocene Polymers. XV. Polymers containing the ruthenocene system. J. organometal. Chem. *6*, 92 (1966).

61. — *R. K. Crossland,* and *K. Koda:* Metallocene Polymers. XIV. Metal-Ring Bond Cleavage by Water-Promoted Zinc chloride. J. org. Chem. *31*, 2409 (1966).

62. —, and *K. Koda:* Metallocene Polymers, XVI. Polyacylation of ferrocene with terephthaloyl chloride. J. Makrom. Chem. *1*, 595 (1966).

63. — —, and *E. Carter:* Ferrocene-Containing Polymers, VII. Polycondensation of Ferrocene with Furfural. Makromolekulare Chem. *84*, 213 (1965).

64. —, and *E. Quo:* Ferrocene-Containing Polymers. V. Polycondensation of N,N-Dimethylaminomethylferrocene. J. Polymer Sci. A *3*, 1499 (1965).

65. — — Ferrocene-containing Polymers, IV. Polymeric Ethers as Intermediates in the Self-Condensation of Ferrocenyl Carbinols. Bull. Chem. Soc. Japan *38*, 931 (1965).

66. — — Ferrocene-containing Polymers: Intermediary Complex Formation in the Polycondensation of N,N-Dimethylaminomethylferrocene. Nature *205*, 494 (1965).

67. — —, and *W. G. Howells:* Ferrocene-containing Polymers. X. Isomeric Bis-(ferrocenylmethyl)ferrocenes. J. Org. Chem. *30*, 4071 (1965).

H.-J. Lorkowski

68. —, and *R. M. Trahe:* Metallocene-Polymers, XVII. Polyferrocenylketones. J. Makrom. Chem. *1*, 611 (1966).

69. —, and *D. S. Trifan:* Polycondensation of Ferrocenylcarbinols and Substitution Orientation Effects. J. Amer. Chem. Soc. *85*, 1952 (1963).

70. — — Polycondensation of Ferrocene and Benzaldehyde. ACS 148th Meeting, Div. Org. Chem. (Aug./Sept. 1964), Abstr. 5S, 8.

71. *Okawara, M., Y. Takemoto, H. Kitaoka, E. Haruki,* and *E. Imoto:* Syntheses of 1,1'-Disubstituted Ferrocenes and their Addition — or Condensation-Polymerisation. Koggo Kagaku Zasshi *65*, 685 (1962).

72. *Pausacker, K. H.:* Reactions of Aryl Peroxydes. V. Benzoyl Peroyde with Ferrocene. Austral. J. Chem. *1958*, 509.

73. *Paushkin, J. M., L. S. Polak, T. P. Vishnjakova, I. I. Patalach, F. F. Matschus,* and *T. A. Sokolinskaja:* New Ferrocene-Containing Polymers Based on Ferrocene and their electrophysical Properties. J. Polymer Sci., Part C, Polymer Symposia No. 4, International Symposion on Macromolecular Chem., Paris 1963, S. 1481.

74. — — — — — — Neue eisenorganische Polymere auf Ferrocenbasis und ihre elektrophysikalischen Eigenschaften. Hochmolekulare Verbind. (russ.) *6*, 545 (1964).

75. — *T. P. Vishnjakova, I. I. Patalach, T. A. Sokolinskaja* u. *F. F. Matschus:* Die Synthese von Ferrocenpolymeren und einige ihrer elektrophysikalischen Eigenschaften. Ber. Akad. Wiss. UdSSR (russ.) *149*, 856 (1963).

76. — *T. P. Vishnjakova, F. F. Matschus, F. A. Sokolinskaja,* and *I. A. Golubeva:* Synthesis of New Ferrocene-Containing Polymers. Preprint P 311, JUPAC Symp. Prag 1965.

77. *Pauson, P. L.,* and *W. E. Watts:* Ferrocene Derivatives. Part. XII. Di- and Tri-ferrocenylmethan Derivatives. J. Chem. Soc. [London] *1962*, 3880.

78. *Plummer, L.,* and *C. S. Marvel:* Polybenzimidazoles. III. J. Polymer Sci. A *2*, 2559 (1964).

79. *Rausch, M. D.:* Organometallic-Complexes. VII. Studies on Mercuriferrocenes. J. Org. Chem. *28*, 3337 (1963).

80. — *M. Vogel,* and *H. Rosenberg:* Ferrocene: A Novel Organometallic Compound. J. Chem. Educat. *34*, 268 (1957).

81. *Renner, A., F. Widmer* u. *A. v. Schulthess:* Über neue, durch Polydienaddition härtbare Kunststoffe. Kunststoffe *53*, 509 (1963).

82. *Richards, J. H.,* and *E. A. Hill:* α-Metallocenyl carbonium Ions. J. Amer. Chem. Soc. *81*, 3484 (1959).

83. *Rinehart jr., K. L., C. J. Michejda,* and *P. A. Kittle:* 1,2-Diferrocenylethane from an Unusual Reaction. J. Amer. Chem. Soc. *81*, 3162 (1959).

84. *Rosenberg, H.,* and *E. W. Neuse:* Ferrocene-Containing Polymers, A Reinvestigation of the Polyrecombination of Ferrocene. J. Organometall. Chem. *6*, 76 (1966).

85. *Rosenblum, M. M.,* and *R. B. Woodward:* The Structure and Chemistry of Ferrocene. III. Evidence Pertaining to the Ring Rotational Barrier. J. Amer. Chem. Soc. *80*, 5443 (1958).

86. *Sansoni, B.,* u. *O. Sigmund:* Ferrocenpolystyrol-Redoxit. Angew. Chem. *73*, 299 (1961).

87. *Schaaf, R. L.:* Unsymmetrically-Substituted Siloxanylferrocenes. USP 3036105, angem. 24. 8. 60, ausgeg. 22. 5. 62.

88. *Sosin, S. L., V. V. Korshak* u. *V. P. Alekseeva:* Polymere und Copolymere von Ferrocenderivaten, erhalten durch Polyrekombination. Ber. Akad. Wiss. UdSSR (russ.) *149*, 327 (1963).

89. *Spilners, I. J.*, and *J. P. Pellegrini jr.*: Synthesis of Polyferrocenylene. ACS 148th Meeting, Div. Org. Chem. (Aug./Sept. 1964) Abstr. 5S, 9,

90. — — Synthesis of Polyferrocenylene. J. Org. Chem. *30*, 3800 (1965).

91. *Valot, H.*: Polycondensation du ferrocène et du méthanal. C. R. Hebd. Séances Acad. Sci. *258*, 5870 (1964).

92. — Sur la preparation de polyesters de l'acide ferrocène dicarboxylique-1.1' par polyacylation pyridinée de divers diols. Compt. Rend. hebd. Séances Acad. Sci. C *262* (5), 403 (1966).

93. *Vishnjakova, T. P., I. A. Golubeva* u. *J. M. Paushkin*: Die Synthese und Untersuchung des Polyferrocenylnitrils. Hochmolekulare Verbind. (russ.) *7*, 713 (1965).

94. — — — Die Synthese von N-haltigen Ferrocenpolymeren mit konjugierten Bindungssystemen. Hochmolekulare Verbind. (russ.) *8*, 181 (1966).

95. *Watanabe, H., J. Motoyama*, and *K. Hata*: The Synthesis of Glycidylferrocenes and Related compounds. Bull. Chem. Soc. Japan *39*, 784 (1966).

96. — — — The Direct Formation of Biferrocenyl and Polyferrocenyls from Ferrocenyllithium. Bull. Chem. Soc. Japan *39*, 790 (1966).

97. *Weinmayr, V.*: Hydrogen Fluoride as a Condensing Agent. V. Reactions of Dicyclopentadienyliron in Anhydrous Hydrogen Fluoride. J. Amer. Chem. Soc. *77*, 3009 (1955).

98. — The Condensation of Dicyclopentadienyliron with Aromatic Diazonium Salts. J. Amer. Chem. Soc. *77*, 3012 (1955).

99. *Weliky, N.*, and *E. S. Gould*: Studies in the Ferrocene Series. I. Some Reactions of Compounds Related to Monobenzoylferrocene. J. Amer. Chem. Soc. *79*, 2742 (1957).

100. *Wende, A.*, u. *H.-J. Lorkowski*: Über die Polykondensation von α-Hydroxyalkylferrocenen. Plaste u. Kautschuk *10*, 32 (1963).

101. — — Verfahren zur Herstellung von Imprägnierlösungen für die Fabrikation von Kohlenwasserstoffharz-Laminaten. DWP 43976.

102. *Wilkinson, G.*, and *F. Cotton*: Cyclopentadienyl and Arene Metal Compounds. Progress of Inorganic Chemistry *1*, 1 (1959).

103. — *M. Rosenblum, M. C. Whiting*, and *R. B. Woodward*: The Structure of Iron Bis-Cyclopentadienyl. J. Amer. Chem. Soc. *74*, 2125 (1952).

104. *Wilkus, E. V.*, u. *A. Berger*: Ferrocenorganopolysiloxane. Franz. P. 1396274, 16. 4. 1965.

105. — — Silylmetallocensiloxanpolymere. Franz. P. 1396271 vom 16. 4. 1965.

Eingegangen am 20. März 1967

Carbamate als Agrarchemikalien

Dr. G. Scheuerer

Landwirtschaftliche Versuchsstation Limburgerhof/Pfalz der Badischen Anilin-
& Sodafabrik AG, Ludwigshafen am Rhein

Inhalt

I. Einleitung

Die „Bevölkerungsexplosion" zwingt alle Staaten ihre Lebensmittel-
erzeugung zu steigern und ihre pflanzliche Produktion zu intensivieren,
so daß dem Pflanzen- und Vorratsschutz mit chemischen Mitteln immer
stärkere Bedeutung zukommt. Diese Tendenz läßt sich am Umsatz von
Pflanzenschutz- und Schädlingsbekämpfungsmitteln in den USA (*1, 2,
3, 4*) ablesen (Tabelle 1).

Tabelle 1. *Pesticides-Umsatz in den USA.*

Jahr	Mill. $	Jahr	Mill. $
1954	102	1960	261
1955	153	1961	303
1956	173	1962	346
1957	178	1963	369
1958	196	1964	427
1959	225	1965	497

Mit Ausnahme des Jahres 1963 betrug seit 1957 die Steigerungsquote konstant 15—16%. Obwohl man für die nächsten zehn Jahre nur mit einem jährlichen Umsatzzuwachs von 7% rechnet, müßte 1975 die Ein- und 1985 die Zwei-Milliarden-Grenze erreicht werden (*5*). Für 1963 nimmt *Hanf* (*6*) einen Weltumsatz an Pflanzenschutzmitteln (außer Ostblockstaaten) von etwa 3,5 Milliarden DM an, der heute über 4 Milliarden DM liegen dürfte.

Für die Bundesrepublik Deutschland sind ca. 100 Wirkstoffe von der Biologischen Bundesanstalt offiziell anerkannt und zugelassen. Dabei ist aber zu berücksichtigen, daß nur wenige Verbindungen über einen Zeitraum von 10—15 Jahren ihre Marktstellung halten können. Die steigenden Anforderungen im Hinblick auf größere Wirkungsbreite oder spezifische Selektivität, geringere Warmblütergiftigkeit und schnelleren Abbau zur Vermeidung der Rückstandsmengen, um nur einige wenige Beispiele zu nennen, bringen es mit sich, daß ständig neue Mittel in den Verkauf gelangen und dafür alte verschwinden bzw. zur Bedeutungslosigkeit herabsinken.

II. Chemische Verbindungen als Agrarchemikalien

Die heute im Pflanzenschutz und in der Schädlingsbekämpfung verwendeten Wirkstoffe rekrutieren sich aus allen Bereichen der Chemie. Ordnet man die Wirkstoffe ihren Verbindungsklassen zu, so läßt sich für den biologischen Verwendungszweck folgende Übersicht aufstellen, die keinen Anspruch auf Vollständigkeit erhebt:

A. Herbizide (unkrautvernichtende Mittel) (*7*)

a) Anorganische Präparate wie z. B. Calciumcyanamid, Kupfersulfat, Kaliumcyanat und Natriumchlorat.

b) Chlorierte aliphatische Fettsäuren wie z. B. Trichloressigsäure, 2,2-Dichlorpropionsäure.

c) Halogenierte Benzoesäure-Derivate wie z. B. 2,3,6-Trichlor-, 2-Methoxy-3,6-dichlor- und 3-Amino-2,5-dichlor-benzoesäure, 3,5-Dijod-4-hydroxy- und 2,6-Dichlor-benzonitril und 2,6-Dichlorthiobenzamid.

d) Substituierte Phenoxyfettsäuren wie z. B. 2,4-Dichlor-, 2,4,5-Trichlor- und 2-Methyl-4-chlor-phenoxyessigsäure sowie die entsprechend substituierten Phenoxy-propion- und -buttersäuren.

e) Substituierte Harnstoff-Derivate (Tabelle 2).

Tabelle 2. $R_1-NH-CO-N\begin{smallmatrix}CH_3\\R_2\end{smallmatrix}$

R_1		R_2
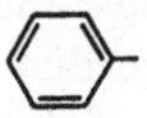 (Phenyl)	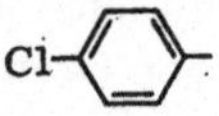 Cl—(Phenyl)	$-CH_3$
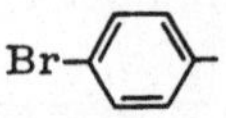 Br—(Phenyl)	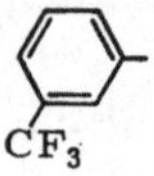 (Phenyl mit CF_3)	$-O-CH_3$
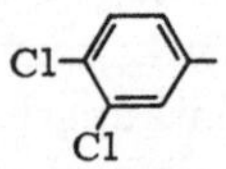 Cl,Cl—(Phenyl)	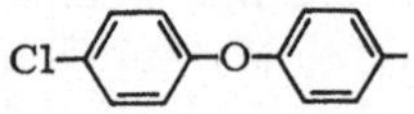 Cl—(Phenyl)—O—(Phenyl)	$-CH-C\equiv CH$, CH_3
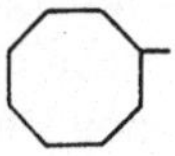 (Cyclooctyl)	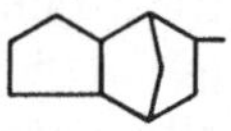 (bicyclisches Ringsystem)	

f) Substituierte Säureanilide (Tabelle 3).

Tabelle 3. $R-CO-NH-R_1$

R	R_1
C_2H_5-	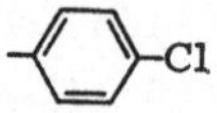 —(Phenyl)—Cl
$CH_2{=}C-$, CH_3	—(Phenyl)—Cl, Cl
C_3H_7-CH-, CH_3	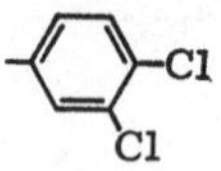 —(Phenyl)—Cl, Cl
C_3H_7-CH-, CH_3 (mit CH_3)	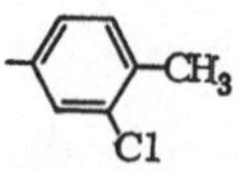 —(Phenyl)—CH$_3$, Cl

g) Substituierte 4,6-Diamino-triazine-(1,3,5) (Tabelle 4).

Tabelle 4. R_1–NH–[4,6-Diamino-triazin, R_3]–NH–R_2

R_1	R_2	R_3
CH_3–	C_2H_5–	Cl–
C_2H_5–	$(H_3C)_2CH$–	CH_3–O–
$(H_3C)_2CH$–		CH_3–S–
CH_3–O–$(CH_2)_3$–		
$(CH_3)_3C$–		

h) In der 6-Stellung substituierte 2,4-Dinitrophenole wie z.B. 6-Methyl- und 6-sek. Butyl-2,4-dinitrophenol und dessen Essigsäureester.

i) Substituierte 2,6-Dinitro-aniline wie z.B. α,α,α-Trifluor-2,6-dinitro-p-toluidin und 2,6-Dinitro-N,N-dipropyl-4-(methyl-sulfonyl)-anilin.

k) Heterocyclische Verbindungen wie substituierte Pyridazone, Uracile, Dipyridylium-salze, Maleinsäurehydrazid und 3-Amino-1,2,4-triazol.

l) Carbamidsäureester.

B. Fungizide (pilztötende Mittel) (*8*)

a) Anorganische Präparate wie z.B. elementarer Schwefel, Kupferoxychlorid und Cadmiumchlorid.

b) Metallorganische Verbindungen wie z.B. Triphenyl-zinn-acetat und -hydroxyd, Phenyl-quecksilber-acetat und Methoxyäthyl-quecksilber-chlorid.

c) In der 6-Stellung substituierte 2,4-Dinitrophenyl-ester wie z.B. 6-(2'-Methylheptyl)-2,4-dinitrophenyl-crotonsäureester und 6-sek. Butyl-2,4-dinitrophenyl-dimethyl-acrylsäureester.

d) Nitrobenzole wie z.B. 2,4-Dinitro-rhodan-benzol und chlorierte Nitro- und Dinitro-benzole.

e) Guanidine mit langkettigen aliphatischen Resten wie z.B. Dodecyl-guanidin-acetat.

f) Phenylsulfamide und Phthal- oder Tetrahydro-phthalimide mit -S-CCl$_3$, -S-CCl$_2$-CHCl$_2$ und -S-CFCl$_2$-Resten am Stickstoffatom.

g) Heterocyclische Verbindungen wie substituierte Chinoxaline, Morpholine, 1,4-Dithia-anthrachinone, Imidazoline, 8-Oxychinolin-Salze und Thiadiazin-thione.

h) Antibiotika wie z.B. Blasticidin S, Cycloheximide, Griseofulvin und Streptomycin.

i) Dithiocarbamate.

C. Insektizide (insektentötende Mittel) (*9*)

a) Anorganische Präparate wie z. B. elementarer Schwefel, Bleiarsenat und Zinkphosphid.

b) Chlorierte Kohlenwasserstoffe wie z. B. 1,1,1-Trichlor-2,2-bis-(p-chlorphenyl)-äthan, Hexachlor-cyclohexan, 1,2-Dichlorpropan und 1,3-Dichlorpropen und die Dien-Addukte des Hexachlor-cyclopentadien wie Hexachlor-hexahydro-5,8-dimethano-naphthalin und dessen Epoxyd.

c) Substituierte Phosphor- und Phosphonsäureester sowie Thio- und Dithiophosphorsäureester (*10*).

d) In der 6-Stellung substituierte 2,4-Dinitro-phenole und deren Ester wie z.B. 6-Methyl- und 6-sek. Butyl-2,4-dinitro-phenol und dessen Dimethylacrylsäureester.

e) Die im Pyrethrum enthaltenen Ester substituierter Cyclopropancarbonsäuren mit substituierten Cyclopentenolonen.

f) Die als Synergisten verwendeten Methylen-dioxy-Verbindungen wie z. B. 3,4-Methylendioxy-6-propyl-benzyl-(butyl-diäthylenglykol)-äther.

g) Substituierte Aziridinyl-Verbindungen wie z. B. Tris-(1-aziridinyl)-phosphinoxyd und Hexa-(1-aziridinyl)-2,4,6-triphosphatriazin-(1,3,5).

h) Senföle wie z. B. Methyl-isothiocyanat.

i) Substituierte aromatische Sulfone oder Sulfosäureester wie z. B. 4-Chlorphenyl-2,4,5-trichlorphenyl-sulfon und Benzolsulfosäure-2,4-dichlorphenylester.

k) Cumarin-Derivate.

l) Heterocyclische Verbindungen wie z. B. 3,5-Dimethyl-tetrahydro-1,3,5-thiadiazin-thion-(2).

m) Carbamidsäureester.

Innerhalb einer chemischen Verbindungsklasse findet man, von ganz wenigen Ausnahmen abgesehen, entweder nur herbizide oder nur fungizide oder insektizide Wirksamkeit. Solche Ausnahmen sind beispielsweise:

1. Aus der Gruppe der insektizid wirksamen Phosphorsäureester (II, C, c) ist die Verbindung S-Benzyl-diäthyl-thiophosphat fungizid gegen *Piricularia oryzea* (Reisbräune) wirksam.

2. Aus der Gruppe der herbizid wirksamen Triazine (II, A, g) wird 2,4-Dichlor-6-o-chlorphenylamino-s-triazin als Blattfungizid verwendet.

3. Aus der Gruppe der herbizid wirksamen Nitroaniline (II, A, i) wird 2,6-Dichlor-4-nitro-anilin als Fungizid eingesetzt.

4. Lediglich aus den chemischen Verbindungsklassen der *Carbamidsäure-Derivate* und der 2,4-Dinitrophenole sind sowohl Herbizide als auch Insektizide und Fungizide bekannt. Bei den 2,4-Dinitrophenolen führt Substitutionsänderung in 6-Stellung und Veresterung der phenolischen Hydroxyl-Gruppe mit verschiedenen Säuren zu dieser verschiedenartigen biologischen Aktivität.

III. Carbamidsäure-Derivate

Alle im Pflanzenschutz und in der Schädlingsbekämpfung verwendeten chemischen Verbindungen dieser Körperklasse entsprechen der allgemeinen Formel 1

$$\begin{array}{c} R \\ \diagdown \\ \diagup \\ R_1 \end{array}\!\!N{-}CX{-}X{-}R_2, \tag{1}$$

in der X für Sauerstoff oder Schwefel, R und R_1 generell für organische Reste stehen, wobei R_1 auch Wasserstoff sein kann, und R_2 organische Reste oder Metallsalze der jeweils zugrunde liegenden freien Säure anzeigt.

Die den Carbamidsäure-Derivaten zugrunde liegenden Säuren ($R_2 =$ H) sind in freiem Zustand nur in einigen wenigen Fällen bekannt (Dithiocarbamidsäure und einige Diaryl-dithiocarbamidsäuren). Demgegenüber kennt man in allen Reihen Salze dieser Carbamidsäuren, die aber wiederum mit Ausnahme in der Dithio-Reihe wenig Bedeutung erlangt haben.

Im Gegensatz zu den Salzen sind die Ester, also die Esteramide der Kohlensäure, Monothio- und Dithiokohlensäure, wichtige Agrarchemikalien. Die breite biologische Aktivität dieser Ester ist nicht zuletzt durch die große chemische Variationsmöglichkeit bedingt. Mit Ausnahme der Thion-Carbamidsäureester, die bislang keine praktische Bedeutung erlangt haben, findet man Herbizide, Insektizide und Wachstumsregulatoren bei den Carbamidsäureestern und Herbizide bei den Thiol- und Dithio-Carbamidsäureestern.

IV. Carbamidsäureester

Aus dieser Verbindungsklasse (Formel 2) werden Vertreter als Herbizide, Wachstumsregulatoren und als Insektizide, nicht aber als Fungizide in der Praxis eingesetzt.

$$\begin{array}{c} R \\ \diagdown \\ \diagup \\ R_1 \end{array}\!\!N{-}CO{-}O{-}R_2 \tag{2}$$

Die basische Komponente der als Agrarchemikalien verwendeten Carbamidester ist entweder ein primäres oder sekundäres aliphatisches, cycloaliphatisches oder aromatisches Amin, nicht aber Ammoniak oder ein heterocyclisches Amin. Als Esterkomponenten kommen sowohl aliphatische, aromatische und heterocyclische Hydroxylverbindungen als auch Oxime alipathischer, cycloalipatischer und heterocyclischer Ketone in Betracht.

A. Herbizid wirksame N-Arylcarbamidsäureester

1929 beschreibt *Friesen* *(11)* erstmalig den herbiziden Effekt eines Carbamidsäureesters. Danach verzögert Phenylurethan die Keimung von Weizen und Hafer und führt zu einem anormalen Wachstum dieser Pflanzen. Das Verdienst aber, für die landwirtschaftliche Praxis verwertbare Herbizide dieser Substanzklasse aufgefunden zu haben, gebührt 15 Jahre später *Templemann* und *Sexton* *(12, 13)*. Sie fanden, daß N-Phenylcarbamate toxisch auf Monokotyledone, nicht aber auf Dikotyledone wirken und daß der N-Phenylcarbamidsäure-isopropylester etwa dreimal so wirksam wie der analoge Äthylester ist. Diese Verbindung wird unter der Bezeichnung IPC[*] oder Propham[**] speziell zur Gräserbekämpfung im Vorauflaufverfahren (Bodenapplikation) in Rüben, Kohl und Salat eingesetzt.

Den Einfluß verschiedener Alkoholreste auf die herbizide Wirksamkeit von N-Phenyl-Carbamidsäureestern beschreiben *George* u. a. *(14)*. Ihre Ergebnisse sind vereinfacht in Tabelle 5 zusammengestellt und zeigen folgende Korrelationen zwischen chemischer Konstitution und herbizider Aktivität:

Tabelle 5. ⬡–NH - COOR

(In allen Tabellen bedeuten ++++ sehr gut, +++ gut, ++ befriedigend, + wenig wirksam, — unwirksam).

Substanz	R	Wirksamkeit auf	
		Monokotyledone	Dikotyledone
IPC	$\begin{array}{c}H_3C\\ \diagdown \\ CH-\\ \diagup \\ H_3C\end{array}$	++++	++
1	$Cl-CH_2-CH_2-$	++++	++++
2	$H_2C=CH-CH_2-$	++++	+++
3	$H_2C=CH-CH_2-CH_2-$	++++	+++

(*) bedeutet common name der Weed Society of America.
(**) bedeutet common name der British Standards Institution.
Diese common names werden in der Abhandlung grundsätzlich verwendet. Nur in den Fällen, wo diese nicht bekannt sind, wird der Handelsname angegeben.

Tabelle 5 (Fortsetzung)

Substanz	R	Wirksamkeit auf	
		Monokotyledone	Dikotyledone
4	$Cl-(CH_2)_3-$	++++	++
5	$\begin{matrix} C_2H_5 \\ H_3C \end{matrix}\!\!>\!CH-$	++++	+
6	C_2H_5-	+++	++
7	CH_3-	+++	+
8	$n-C_3H_7-$	+++	+
9	$n-C_4H_9-$	++	+
10	$C_5H_{11}-$	++	++
11	$C_6H_{13}-$	++	++
12	$\begin{matrix} H_3C \\ H_3C \end{matrix}\!\!>\!CH-CH_2-$	++	—
13	⟨⟩$-CH_2-$	++	—
14	⟨⟩$-$	+	—
15	$C_{12}H_{25}-$	—	—
16	$(CH_3)_3C-$	—	—

a) Mit steigender Kohlenstoffzahl des Alkoholrestes nimmt die herbizide Wirksamkeit ab.

b) Monosubstitution durch Alkylreste in α-Stellung der Alkoholkomponente erhöht die Aktivität (IPC, Substanz 5), während sie durch Monosubstitution in β-Stellung (Substanz 12) und Disubstitution in α-Stellung (Substanz 16) erniedrigt wird.

c) Halogensubstitution und die Einführung ungesättigter Gruppen verstärken generell die herbizide Wirksamkeit, auch auf Dikotyledone (Substanzen 1, 2, 3 und 4).

Obwohl die Verbindungen 1, 2 und 3 ein breiteres Wirkungsspektrum als IPC aufweisen, sind für die Bekämpfung von Gräsern in zweikeimblättrigen Kulturen, also bezüglich der Selektivität, nur der γ-Chlorpropylester (Substanz 4) und der sek. Butylester (Substanz 5) dem Isopropylester (IPC) äquivalent.

IPC ist gegen *Digitaria spp.* (Hirsearten) unwirksam. *De Rose (15)* zeigte 1951, daß 0,5 mg N-(3-Chlorphenyl)-carbamidsäure-isopropylester auf ca. 450 g Boden ausreichen, um Digitaria zu bekämpfen, während selbst die zehnfache Menge von IPC wirkungslos ist. Dieses 3-Chlorphenyl-Derivat, das unter der Bezeichnung CIPC[*] oder Chlorpropham[**] bekannt ist, weist außerdem gegenüber IPC besonders bei höheren Temperaturen und/oder geringerer Feuchtigkeit eine bessere Wirksamkeit und Verträglichkeit auf (16). So kann es auch im Nachauflaufverfahren (Blattapplikation) eingesetzt werden. CIPC wird als Herbizid in Baumwolle, Sojabohnen, Zwiebeln, Möhren, Pflanzgärten und Forstbaumschulen verwendet.

Nach *Shaw* und *Swanson (17)* gelten auch bei den im Phenylkern chlorierten Carbamidsäureestern praktisch die gleichen Gesetzmäßigkeiten bezüglich der Alkoholkomponente wie für die halogenfreien Derivate (Tabelle 5).

Der Einfluß von Substituenten im Phenyl-Kern von Carbamidsäure-isopropylestern, den sowohl *Shaw* und *Swanson (17)* als auch *Stefanye* und *De Rose (18)* beschreiben, ist in der Tabelle 6 zusammengefaßt.

Tabelle 6. R—〈Phenyl〉—NH—COO—CH(CH₃)(CH₃)

R	Wirksamkeit	R	Wirksamkeit
3—Cl—	++++	3—Cl—, 6—CH$_3$O—	++++
3—Br—	++++	3—Cl—, 6—Cl—	++++
3—F—	++++	3—Cl—, 6—CH$_3$—	++++
3—CH$_3$—	++++	3—Cl—, 4—Cl—	++
3—J—	+++	2—Cl—, 4—Cl—	++
4—F—	+++	3—Cl—, 5—Cl—	+
2—Cl—	+++		
2—CH$_3$O—	+++		
4—Br—	++		
4—J—	++		
4—Cl—	+		
3—CF$_3$—	+		
2—CH$_3$—	—		
4—CH$_3$—	—		
3—OH—	—		
3—NO$_2$—	—		
4—NO$_2$—	—		

Daraus geht hervor, daß bei den N-Phenyl-carbamidsäureestern praktisch ausnahmslos beste Aktivität durch Chlor-Substitution in m-Stellung erzielt wird. Auffallend ist weiter die sehr geringe herbizide Wirksamkeit der 4-Chlor-, 3-Trifluormethyl- und 3,4-Dichlor-phenyl-carbamidsäure-isopropylester. Vergleicht man diese Kohlensäureamid-ester mit den entsprechend substitutierten Kohlensäurediamiden, den Phenyldimethyl-harnstoffen, so findet man gerade bei diesen Substi-tuenten in der letztgenannten Verbindungsklasse ausgezeichnete herbizide Aktivität (Tabelle 2).

Trotz der nur mittleren herbiziden Aktivität des N-(3,4-Dichlor-phenyl)-carbamidsäure-isopropylesters wird der N-(3,4-Dichlorphenyl)-carbamidsäure-methylester (Swep®) als Grasherbizid in Reis, Sojabohnen und Erdnüssen verwendet (19).

Aufgrund der gefundenen Substitutionsregeln (Tabellen 5 und 6) war es deshalb nicht überraschend, daß in der Folgezeit weitere Verbin-dungen Eingang in die Praxis gefunden haben. N-(3-Chlorphenyl)-carbamidsäure-4-chlor-butin-(2)-yl-(1)-ester (Formel 3) oder

$$\text{Cl-C}_6\text{H}_4\text{-NH-COO-CH}_2\text{-C} \equiv \text{C-CH}_2\text{Cl} \tag{3}$$

Barban[*,**] wird als Blattherbizid speziell zur Flughaferbekämpfung in Zuckerrüben, Erbsen und Getreide eingesetzt (20).

Fischer (21, 22) zeigte, daß N-(3-Chlorphenyl)-carbamidsäurebutin-(1)-yl-(3)-ester (Formel 4) gegenüber CIPC selektiver und bei gleicher

$$\text{Cl-C}_6\text{H}_4\text{-NH-COO-CH}\underset{\text{C} \equiv \text{CH}}{\overset{\text{CH}_3}{\big<}} \tag{4}$$

Aufwandmenge wirksamer ist. Im Vorauflaufverfahren ist diese Substanz als BiPC oder Chlorbufame[**] in Zwiebeln, Möhren, Pflanzengärten und Forstbaumschulen selektiv.

Die Alkoholkomponenten von Barban und BiPC weisen zwei aktivi-tätsfördernde Merkmale auf. Zusätzlich zum ungesättigten Charakter beider Alkoholreste ist dieser bei Barban durch Chlor substituiert und bei BiPC in der α-Position verzweigt.

B. Herbizid wirksame N-Alkylcarbamidsäureester

Im Gegensatz zu den N-Aryl-carbamidsäureestern haben N-Alkyl-carbamidsäure-alkylester bisher keine und N-Alkyl-carbamidsäure-arylester erst in den letzten Jahren Bedeutung als Herbizide erlangt. O-Phenyl- und O-Naphthyl-carbamate wurden zwar schon 1953 von *Gysin* und *Knüsli* (*23*) als Verbindungen mit wachstumsregulierenden und herbiziden Eigenschaften zum Patent angemeldet, fanden aber keinen Eingang in die landwirtschaftliche Praxis.

Breiter wirksame Herbizide dieses Typs wurden erst 10 Jahre später von *Haubein* (*24*) entwickelt, als er 2,4,6-trisubstituierte Phenole als Carbamatkomponenten verwendete. So ist der N-Methyl-carbamidsäure-2,6-di-tert.-butyl-p-tolyl-ester (Azak®) im Vorauflaufverfahren besonders gegen Gräser und Hirsearten wirksam und in Baumwolle, Mais, Sojabohnen und Erbsen selektiv. Einen schematisierten Überblick über den Einfluß der Substituenten auf die biologische Aktivität vermittelt Tabelle 7 (*25*).

Tabelle 7. $H_3C-NH-COO-\underset{R_2}{\overset{R_1}{\text{C}_6\text{H}_3}}-R_3$

Substanz	R_1	R_2	R_3	Wirksamkeit
Azak	$(CH_3)_3C-$	$(CH_3)_3C-$	CH_3-	$++++$
1	,,	,,	$Br-$	$++++$
2	,,	,,	$Cl-$	$++++$
3	,,	,,	CH_3O-	$++++$
4	,,	,,	C_2H_5-	$+++$
5	,,	,,	$(CH_3)_2CH-$	$-$
6	,,	,,	$(CH_3)_3C-$	$-$
7	,,	CH_3-	$(CH_3)_3C-$	$-$
8	,,	,,	CH_3-	$+$
9	,,	,,	C_3H_7-	$+++$
10	,,	,,	$(CH_3)_2CH-$	$++++$
11	,,	,,	$H_2C=\underset{CH_3}{C}-CH_2-$	$++++$
12	CH_3-	,,	H_3C-	$--$

Die bei den bisher besprochenen N-Arylcarbamaten (Tabelle 5) gefundenen Gesetzmäßigkeiten sind auch bei den N-Alkyl-Derivaten gültig. So führt steigende Kohlenstoffzahl des aliphatischen Substituenten zu abnehmender Wirksamkeit (Substanzen 4, 5, 6), während ungesättigte Alkylreste die Aktivität erhöhen (Substanz 11). Auffallend ist ebenfalls die schon aus der Tabelle 6 hervorgehende Wirkungsgleichheit von Methyl- und Halogen-Substitution des aromatischen Restes.

Ebenso wie *Haubein* und *Hansen* (*25*) fanden *Herrett* und *Berthold* (*26*) auch bei N-Alkylcarbamidsäure-benzylestern stärkste herbizide Wirksamkeit, wenn das Stickstoffatom nur eine Methylgruppe trägt. Längere Alkylreste erbringen stets Wirkungsminderung. N-Methyl-carbamidsäure-3,4-dichlorbenzylester (Rowmate®) ist im Vorauflaufverfahren selektiv in Baumwolle, Sojabohnen, Kartoffeln sowie Erdnüssen und im Nachauflaufverfahren in Reis. Tabelle 8 zeigt je nach Applikationsart (Boden oder Blatt) verschiedenartige herbizide Aktivität von Rowmate und anderen Benzylderivaten. So ist die 2,4-Dichlor-Verbindung im Nachauflaufverfahren stark wirksam, aber praktisch wirkungslos im Vorauflaufverfahren.

Tabelle 8. $H_3C-NH-COO-CH_2$–⟨◯⟩–R

R	Wirksamkeit			
	Vorauflauf-		Nachauflaufverfahren	
	Mono-	Dikotyledone	Mono-	Dikotyledone
3,4—Dichlor—	++++	++++	++	+++
4—Cl—	++	+++	+	+++
3—Cl—	++	++	+	++
3,5—Dichlor—	+	+	+	++
2,4—Dichlor—	—	—	++	++++
2,3—Dichlor—	—	+	—	+
2,5—Dichlor—	—	—	—	+
2—Cl—	—	—	—	+
H—	—	—	—	+

Bei allen N-Aryl-carbamaten (Tabelle 6) brachte Chlor in 3-Stellung die stärkste Wirksamkeit, während die 4-Chlor- und 3,4-Dichlor-Derivate weniger aktiv sind. Umgekehrt liegen die Verhältnisse bei diesen N-Alkyl-carbamidsäure-benzylestern. Hinsichtlich der Halogensubstitution entsprechen sie mehr den 1-Aryl-3-dimethylharnstoffen (Tabelle 2).

C. N-Alkylcarbamidsäureester als Wachstumsregulatoren

Als Wachstumsregulatoren werden Substanzen bezeichnet, die das Wachstum der Pflanzen beeinflussen, ohne dabei toxische Effekte auf die Pflanze auszuüben. So führt Gibberellinsäure zu einer Verlängerung der Pflanzeninternodien. Die bekannteste Verbindung, die eine Verkürzung der Halmlänge bewirkt, ist 2-Chloräthyl-trimethyl-ammoniumchlorid (Formel 5) oder Chlormequat-Chlorid[**] (27).

$$\left[\begin{array}{c} CH_3 \\ | \\ H_3C-N-CH_2-CH_2-Cl \\ | \\ CH_3 \end{array}\right]^{\oplus} \quad Cl^{\ominus} \tag{5}$$

Haubein und *Hansen* (25) zeigten, daß bei N-Alkylcarbamidsäureestern größere alipathische Reste am Stickstoffatom zu herbizidem Wirkungsverlust führen. *Krewson* u. a. (28) verwendeten als basische Carbamatkomponente statt Methylamin Piperidin und erhielten im AMO 1618 eine Verbindung, die keine herbiziden, sondern wachstumsregulierende Eigenschaften besitzt. AMO 1618 (Formel 6) ist chemisch 4-Hydroxy-5-isopropyl-2-methyl-phenyl-trimethyl-ammoniumchlorid-1-piperidincarboxylat.

$$\left[\underset{}{\bigcirc}N-COO-\underset{\underset{H_3C}{\overset{CH}{|}}CH_3}{\bigcirc}\overset{CH_3}{\underset{}{}}-N(CH_3)_3\right]^{\oplus} \quad Cl^{\ominus} \tag{6}$$

Nach *Krewson* u. a. (28) ist für den verkürzenden Effekt von AMO 1618 auf das erste Internodium von Bohnenpflanzen sowohl die Carbamatgruppierung als auch die durch das quaternäre Stickstoffatom bedingte positive Ionenbindung ausschlaggebend.

Aus den Untersuchungen von *Jung* (29) geht allerdings hervor, daß der durch Chlormequat-Chlorid bewirkte Verkürzungseffekt bei Weizen, der zur Verminderung der Lagerneigung führt, von AMO 1618 nicht erreicht wird. Lediglich bei einigen wenigen dikotylen Pflanzen entspricht die retardierende Wirkung von AMO 1618 der des Chlormequat-Chlorids oder übertrifft diese.

D. Insektizid wirksame N-Alkylcarbamidsäureester

Der einzige in der Natur vorkommende Carbamidsäureester ist das Alkaloid Physostigmin oder Eserin, das in den reifen Samen von Physostigma venenosum enthalten ist und cholinergische Wirksamkeit aufweist. *Stedmann* und *Barger* (*30*) identifizierten Physostigmin als Eserolin-N-methylcarbamat (Formel 7).

$$H_3C-NH-COO-\underset{\underset{\displaystyle CH_3\ CH_3}{N\quad N}}{\overset{\displaystyle CH_3}{\bigcirc}} \tag{7}$$

Die acetylcholin-ähnliche Wirkung von Physostigmin, die für die Pharmakologie von Bedeutung ist, veranlaßte zahlreiche Forscher, nach einfacher gebauten, leichter synthetisch herzustellenden Carbamaten mit Hemmwirkung auf die Acetylcholinesterase zu suchen. *Stevens* und *Beutel* (*31*) zeigten, daß der unsubstituierte N-Methyl-carbamidsäure-phenylester das parasympathische Nervensystem nicht stimuliert, wirksame Produkte aber durch Substitution in o-, p- und besonders in m-Stellung erhalten werden. *Stedmann* (*32*) fand, daß die Chlorhydrate und quaternären Salze des N-Methyl-carbamidsäure-(3-dimethylamino)-phenylesters (Formel 8, R = H) ebenso wirksam sind wie Eserin. Das stabilere N, N-Dimethyl-Derivat wird heute unter der Bezeichnung Prostigmin (Formel 8, R = CH₃) als synthetisches Präparat verwendet.

$$\left[H_3C-\underset{\underset{\displaystyle R}{|}}{N}-COO-\bigcirc-\underset{\underset{\displaystyle CH_3}{\overset{\displaystyle CH_3}{N}}}{\overset{\displaystyle CH_3}{|}} \right]^{\oplus} \quad J^{\ominus} \tag{8}$$

Trotz guter Anticholinesterase-Aktivität sind diese salzartigen Carbamate als Insektizide unbrauchbar, da sie die Cuticula und die lipoide Nervenscheide der Insekten nur sehr schwer zu durchdringen vermögen. Diese Korrelation von Insektentoxizität und Inhibierung der Cholinesterase ist im Prinzip auch für stark basische Carbamidsäureester gültig, da unter physiologischen Bedingungen eine Ionisierung des Moleküls stattfinden kann (*33, 34*).

Die ersten zur Schädlingsbekämpfung brauchbaren Verbindungen waren die von *Gysin* (*35*) vor rund 20 Jahren entwickelten N,N-Dimethyl-carbamidsäureester mit enolisierbaren cycloaliphatischen und heterocyclischen Resten (*36*) (Tabelle 9).

Tabelle 9. $\quad (CH_3)_2N{-}COOR$

Substanz	R	Toxizität LD$_{50}$ Ratte p.o. (mg/kg)
Dimetan®		150
Pyrolan®		62
Isolan®		54
Dimetilan®		64

Diese Verbindungen sind als Kontaktgifte vorwiegend gegen Fliegen und Blattläuse wirksam und zeichnen sich durch eine kurze Wirkungsdauer aus. Der Ersatz des Phenylrestes im Pyrolan durch den aliphatischen Isopropylrest (Isolan) erbringt zusätzliche systemische Wirksamkeit gegen saugende Insekten. Isolan kann also in Mengen, die noch toxisch gegen Insekten sind, von den Blättern und Wurzeln der Pflanzen absorbiert und innerhalb der Pflanze transportiert werden.

Die analog gebauten schwefelhaltigen Carbamidsäureester >N-CS-O-, >N-CO-S- und >N-CS-S- besitzen nach *Gysin* (*35*) keine insektiziden Eigenschaften. Trotz der Vielzahl der in der Folgezeit hergestellten Carbamate ist diese Aussage immer noch gültig.

Bis 1956 hatten die Carbamat-Insektizide verglichen mit den chlorierten Kohlenwasserstoffen (II, C, b) und den Phosphorsäureestern (II, C, c) wegen ihrer sehr begrenzten Wirksamkeit keine bedeutende Rolle gespielt. Der entscheidende Durchbruch für diese Körperklasse begann erst, als *Lambrech* (*37*) im N-Methyl-carbamidsäure-1-naphthylester oder Carbaryl[*,**] (Formel 9) eine Verbindung mit relativ breitem Wirkungssprektrum fand (*38*).

$$H_3C-NH-COO-\text{[naphthyl]} \tag{9}$$

Mit einem LD_{50}-Wert von 540 mg/kg Ratte p. o. ist die Toxizität gegenüber Säugetieren und ebenso die Giftigkeit für Vögel und Fische (nicht aber für Bienen) gering. Im Verdauungstrakt von Warmblütern wird Carbaryl schnell hydrolytisch gespalten und als wasserlöslicher 1-Naphthyl-glucuronsäureester mit dem Harn ausgeschieden (*39*). Als breit wirksames Kontakt- und Fraßgift, verbunden mit einer guten Dauerwirkung und geringer Phytotoxizität wird Carbaryl heute gegen Baumwoll-, Reis-, Obst-, Gemüse- und Forstschädlinge mit Erfolg eingesetzt. Blattläuse, Spinnmilben und Dipteren (nicht aber adulte Moskitos) werden von Carbaryl nicht sicher bekämpft (*40*).

Die Erkenntnis, daß in der Gruppe der polaren, lipoidlöslichen Carbamate für die Praxis verwertbare Insektizide gefunden werden können, führte zu einer verstärkten Forschung auf diesem Gebiet. Obwohl weitere Carbamate mit chlorierten (*41*) und teilhydrierten Naphthylresten (*42*) als Insektizide patentiert wurden, synthetisierte und prüfte man vorwiegend im Phenyl-Rest substituierte N-Methyl-carbamidsäureester.

Kolbezen u. a. (*33*) zeigten schon 1954, daß Carbamate mit größeren aliphatischen oder aromatischen Resten am Stickstoffatom insektizid unwirksam sind. Für aliphatische Substituenten mit kleiner Kohlenstoffzahl stellten sie folgende Reihe auf:

$$CH_3NH- \;>\; (CH_3)_2N- \;\gg\; C_2H_5NH- \;>\; (C_2H_5)_2N-$$

Nach den Untersuchungen dieser Autoren besteht weiterhin ein Zusammenhang zwischen guter insektizider Wirksamkeit, hoher Anticholinesterase-Aktivität und geringer Hydrolyse-Geschwindigkeit des Carbamidsäureesters. Die in vitro-Cholinesterasehemmung nimmt für Substituenten am Phenylring in der Reihenfolge

$$\text{tert. } C_4H_9- \;>\; i.C_3H_7- \;>\; C_2H_5- \;>\; CH_3- \;>\; Cl- \;>\; NO_2-$$

ab, während sie bei gleichen Substituenten von der p- zur o- und m-Stellung ansteigt. *Fukuto* (*43*) zieht aus diesen Befunden den Schluß, daß die Anticholinesterase-Aktivität eine Funktion der Elektronen abgebenden Kapazität der Substituenten an die Carbamat-Gruppierung ist und daß erhöhte Elektronendichte um die Carbonylfunktion das Molekül gegen hydrolytische Einflüsse stabilisiert.

Es überrascht daher nicht, daß vielen Versuchsprodukten aus der Reihe der alkylsubstituierten N-Methyl-carbamidsäure-phenylester (Tabelle 10) eine verzweigte Alkylgruppe in m-Stellung gemeinsam ist (*44*).

Tabelle 10. $H_3C-NH-COO-C_6H_4-R$

R	
$3-\ (H_3C)(H_3C)CH-$	$3-\ (H_3C)(H_3C)CH-\ ,\ 2-Cl-$
$3-\ (H_3C)(C_2H_5)CH-$	$3-\ (H_3C)(H_3C)CH-\ ,\ 6-Cl-$
$3-(CH_3)_3C-$	$3-\ (H_3C)(C_2H_5)CH-\ ,\ 6-Cl-$
$3-\ (H_3C)(C_3H_7)CH-$	$3-\ (H_3C)(H_3C)CH-\ ,\ 3-\ (H_3C)(H_3C)CH-$
$3-\ (H_3C)(C_4H_9)CH-$	

Von diesen Versuchsprodukten hat bislang keines wirtschaftliche Bedeutung erlangt, obwohl viele gegen Fliegen und Moskitos gut wirksam sind. Die Gründe hierfür dürften sowohl in der gegenüber Carbaryl geringeren Breitenwirkung als auch in der höheren Warmblütertoxizität oder aber im synthetischen Bereich liegen.

Von den alkylsubstituierten Verbindungen kam lediglich der N-Methyl-carbamidsäure-3-isopropyl-5-methyl-phenylester (Formel 10), common name Minacide, in den Handel (*45*).

$$H_3C-NH-COO-C_6H_3(CH_3)(CH(CH_3)CH_3) \tag{10}$$

Für Minacide wird eine LD_{50} von 247 mg/kg Ratte p.o. angegeben. Als Kontakt- und Fraßgift weist dieses Insektizid, da es beispielsweise auch gegen Blattläuse wirksam ist, ein breiteres Wirkungsspektrum als Carbaryl auf.

Die bekannteste Verbindung aus der Reihe der alkylsubstituierten Halogen-phenylcarbamate ist Carbonolate[*] oder N-Methyl-carbamidsäure-6-chlor-3,4-xylylester (Formel 11) (46). Seine Wirksamkeit erstreckt sich vorwiegend auf Fliegen, Zecken, Moskitos und Blattläuse, obwohl es im Vergleich zu Carbaryl gegen Raupen schwächer wirkt und mit einem LD_{50}-Wert von 30 mg/kg Ratte p.o. auch gegen Warmblüter toxischer ist.

$$H_3C-NH-COO-\underset{Cl}{\overset{CH_3}{\bigcirc}}-CH_3 \qquad (11)$$

Für die insektizide Aktivität von im Phenylkern tri-, tetra- und penta-halogenierten und alkylierten Carbamaten bestehen nach *Lemin* u.a. (47) keine eindeutigen Zusammenhänge (Tabelle 11). Lediglich alle in 2- und gleichzeitig in 6-Stellung substituierten Derivate sind praktisch wirkungslos (Substanzen 9, 10, 11).

Tabelle 11. $H_3C-NH-COO-\bigcirc\overset{R}{\underset{Hal.}{}}$

Substanz	R	Hal.	Wirksamkeit
Carbonolate	3,4—Dimethyl—	6—Cl—	++++
1	2,5—Dimethyl—	4—Cl—	++
2	3,5—Dimethyl—	4—Cl—	++
3	3,5—Dimethyl—	4—Br—	++
4	2,3—Dimethyl—	4—Cl—	+
5	2,4,5—Trimethyl—	—	++
6	3,5—Dimethyl—	2,4—Dichlor—	+++
7	3—CH_3—, 5—C_2H_5—	2,4—Dichlor—	+++
8	3—C_2H_5—, 5—CH_3—	2,4—Dichlor—	+
9	3,5—Dimethyl—	2,4,6—Trichlor—	(+)
10	2,3,5—Trimethyl—	4,6—Dichlor—	—
11	—	Pentachlor—	—

Bei den alkoxy-substituierten Carbamidsäure-phenylestern ist der N-Methyl-carbamidsäure-2-isopropoxy-phenylester, common name Propoxur oder Aprocarb, am wirksamsten (48). Fliegen, Moskito-Imagines,

Läuse, Zecken und andere Ektoparasiten, aber auch Raupen und Blattläuse werden gut bekämpft. Im Gegensatz zu Carbaryl besitzt Propoxur
(LD_{50} 150 mg/kg Ratte p.o.) eine schnelle Anfangswirkung und wird
vorwiegend gegen Haushalts-, Hygiene- und Vorratsschädlinge eingesetzt.

Die Wirksamkeit alkoxysubstituierter Phenylcarbamate ist nach
Metcalf u.a. (*49*) in Tabelle 12 vereinfacht dargestellt.

Tabelle 12. $H_3C-NH-COO-\langle\rangle-OR$

Substanz	R	Wirksamkeit
Propoxur	2— $(H_3C)_2CH-$	++++
1	3— $(H_3C)_2CH-$	++
2	2—H_3C-	+
3	3—H_3C-	++
4	4—H_3C-	—
5	2—C_2H_5-	+++
6	3—C_2H_5-	+++
7	4—C_2H_5-	—
8	2—C_3H_7-	++
9	3—C_3H_7-	+++
10	2—C_4H_9-	++
11	3—C_4H_9-	++
12	3— $(H_3C)(C_2H_5)CH-$	++
13	2,3—Dimethyl—	—
14	2,4—Dimethyl—	+
15	2,5—Dimethyl—	++
16	2,6—Dimethyl—	—
17	3,4—Dimethyl—	+
18	3,5—Dimethyl—	+++
19	3,5—Diäthyl—	++
20	3,4,5—Trimethyl—	++

Am schlechtesten schneidet wie bei den alkylierten Phenylderivaten
wiederum die p-Substitution ab (Substanzen 4, 7). Wie schon aus Tabelle
11 hervorgeht, kann vermutlich aus sterischen Gründen auch in dieser
Verbindungsklasse das 2,6-disubstituierte Derivat (Substanz 16) die
Cholinesterase nicht beeinflussen.

Der Ersatz des Sauerstoffatoms in den Alkoxy-phenylcarbamaten durch Schwefel ergibt nach *Metcalf* u. a. *(50)* generell eine stärkere Anticholinesterase-Aktivität. Nach Tabelle 13 ist bei den Alkylthiophenylestern ebenfalls die o-Stellung bevorzugt und der Isopropylrest ergibt wiederum stärkste Aktivität. Allerdings beeinflußt die Stellung der Substituenten am Phenylkern die insektizide Wirksamkeit nicht so signifikant wie bei den Alkoxy-Derivaten.

Tabelle 13. $H_3C-NH-COO-\langle\text{Phenyl}\rangle\overset{SR}{\underset{R'}{}}$

Substanz	R	R'	Wirksamkeit
1	$2-H_3C-$	—	++
2	$3-H_3C-$	—	++
3	$4-H_3C-$	—	+
4	$4-H_3C-$	$2-H_3C-$	+
5	$4-H_3C-$	$3-H_3C-$	+++
6	$2-C_3H_7-$	—	++++
7	$3-C_3H_7-$	—	+++
8	$4-C_3H_7-$	—	+
9	$2-(H_3C)_2CH-$	—	++++
10	$3-(H_3C)_2CH-$	—	++
11	$4-(H_3C)_2CH-$	—	(+)
12	$2-C_4H_9-$	—	+++
13	$3-C_4H_9-$	—	+++
14	$4-C_4H_9-$	—	++
15	$2-CH_2{=}CH-CH_2-$	—	+++
16	$3-CH_2{=}CH-CH_2-$	—	++
17	$4-CH_2{=}CH-CH_2-$	—	++

Im Gegensatz zu diesen Alkylthiophenylcarbamaten (Alkyl-S-R) sind von ihren Oxydationsprodukten die Alkylsulfinylverbindungen (Alkyl-SO-R) viel weniger wirksam und die Alkylsulfonyl-Derivate (Alkyl-SO_2-R) praktisch inaktiv. Allein die Thioalkyl-Gruppe vermag aufgrund ihrer Elektronendichte Elektronen an die Carbamat-Gruppe abzugeben und somit nach *Kolbezen* *(33)* und *Fukuto* *(43)* stabile und wirksame Verbindungen zu bilden.

Die Methylsulfoniumsalze dieser Thioäther-Carbamate besitzen aus den gleichen Gründen wie die Ammoniumsalze von Carbamaten (*33, 34*) keine insektiziden Eigenschaften, obwohl sie in vitro gute Cholinesterasehemmer sind.

Aus Tabelle 13 ist zu entnehmen, daß die Aktivität der 4-Thiomethyl-Verbindung durch eine Methylgruppe in m-Stellung gesteigert wird. Führt man eine weitere Methylgruppe ebenfalls in m-Stellung ein, so wird die Aktivität je nach Insektenart nochmals um das zwei- bis zehnfache erhöht. Trotz dieser stärkeren biologischen Wirksamkeit ist nach *Schrader* (*51*) die Warmblüter-Toxizität für diesen N-Methyl-carbamidsäure-4-methylthio-3,5-xylyester (*52*), common name Mercaptodimethur, um den Faktor 2 geringer als für den analogen m-Tolylester (Substanz 1, Tabelle 14).

Tabelle 14. $H_3C-NH-COO-\!\!\!\!\bigcirc\!\!\!\!-S-CH_3$, R

Substanz	R	LD_{50} Ratte p.o. (mg/kg)
Mercapto-dimethur	3,5—Dimethyl—	100
1	3—Methyl—	50
2	—	750

Mercaptodimethur, das auch gegen Termiten verwendet wird, zeigt ein ähnliches Wirkungsspektrum wie Carbaryl. Seine gute Dauerwirkung ist durch die in Nachbarstellung zur Thiomethyl-Gruppe stehenden zwei Methylreste bedingt, die durch sterische Hinderung die rasche Oxydation zu den unwirksamen Sulfinyl- oder Sulfonyl-Derivaten blockieren (*53*).

Die ebenfalls durch benachbarte Alkyl-Reste erschwerte Salzbildung von Aminophenyl-Carbamaten gestattet es, auch in dieser Verbindungsklasse wirksame Insektizide aufzufinden. N-Methyl-carbamidsäure-4-dimethylamino-3,5-xylylester oder Zectran® (*54*) und N-Methyl-carbamidsäure-4-dimethylamino-3-tolylester oder Aminocarb[**] (*55*) sind beide breiter wirksam als Carbaryl. Allerdings ist ihre Warmblütertoxizität mit einer LD_{50} von 16—63 mg/kg für Zectran und 50 mg/kg Ratte p.o. für Aminocarb höher als die von Carbaryl.

Kaeding u.a. (*56*) zeigten, daß die insektizide Wirksamkeit mit größeren Alkylresten an der Aminogruppe in der Reihenfolge

$$H_3C- = C_2H_5- > C_3H_7- > C_4H_9- > C_5H_{11}-$$

abnimmt. Tabelle 15 veranschaulicht, daß bei unbehinderter freier Rotation der Aminogruppe die insektizide Wirkung verloren geht (Substanz 4) und gleichfalls auch wieder alle 2,6-disubstituierten Derivate (Substanzen 4, 6) unwirksam sind.

Tabelle 15. $H_3C-NH-COO-C_6H_3(R)-N(CH_3)_2$

Substanz	R	Wirksamkeit
Zectran	3,5—Dimethyl—	++++
1	3—H_3C—, 5—C_2H_5—	+++
2	3—$(H_3C)_2CH$—	++++
3	3—$(CH_3)_3C$—	+++
4	2,6—Dimethyl—	—
5	2,3,5—Trimethyl—	++
6	2,3,5,6—Tetramethyl—	—

Neuere Carbamate leiten sich entweder von heterocyclischen Phenolen oder von Oximen ab. Die bekanntesten Verbindungen sind in Tabelle 16 aufgeführt:

N-Methyl-carbamidsäure-4-benzothienyl-ester (Formel 12) oder Mobam®
N-Methyl-carbamidsäure-7-(2,2-dimethyl-2,3-dihydro-benzofuranyl)-ester (Formel 13) (*57*)
3-exo-Chlor-6-endo-cyan-2-norbornan-0-(methylcarbamoyl)-oxim (Formel 14) (*58*) oder Tranid®
2-Methyl-(2-thiomethyl)-propionaldehyd-0-(methylcarbamoyl)-oxim (Formel 15) (*57, 58, 59, 60*) oder Temik®
und
2-Methyl-(carbamoyloxyimino)-1,3-dithiolan (Formel 16) (*67*)

Das Wirkungsspektrum und auch die Warmblütertoxizität mit einer LD_{50} von 234 mg/kg Ratte p.o. des Benzothienylesters (Formel 12) ähnelt den bisher besprochenen insektiziden Carbamaten.

Alle anderen Verbindungen zeigen demgegenüber systemische Aktivität, sind auch gegen Spinnmilben wirksam und besitzen extrem niedrige LD_{50}-Werte. Weitere Untersuchungen müssen zeigen, ob durch spezielle Formulierungen, entweder als Granulat mit relativ niederem Wirkstoffgehalt oder als umhülltes Material, eine sichere Praxisanwendung gewährleistet ist.

Substanzen, die in Kombination mit einem anderen Insektizid einen höheren als der Summe entsprechenden biologischen Effekt erbringen,

Tabelle 16. $CH_3—NH—COOR$

R

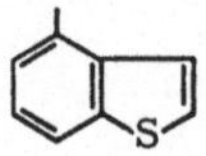

(12)

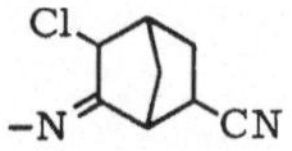

(13)

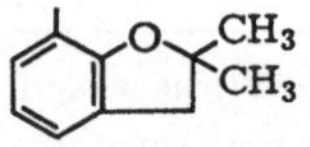

(14)

(15)

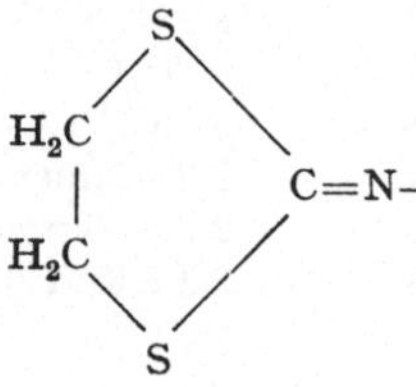

(16)

werden als Synergisten bezeichnet. Am bekanntesten ist der Synergismus von Pyrethrum (II, C, e) mit den Methylendioxy-phenyl-Verbindungen, wie z. B. Piperonyl-butoxide[*] (II, C, f). Piperonyl-butoxide beeinflußt nach *Moorefield* (62) auch die Wirksamkeit von Carbaryl synergistisch und steigert z. B. die Wirkung gegen Hausfliegen um das dreißigfache. Dieser Synergismus ist nicht auf Carbaryl beschränkt, sondern besteht auch bei anderen Carbamat-Insektiziden wie Zectran, Mercaptodimethur, Propoxur u. a. (63). *Adolphi* (64, 65) zeigte, daß für Pyrethrum brauchbare Synergisten auch in anderen chemischen Substanzklassen zu finden sind. 2,3,3,3,2',3',3',3'-Octachlor-dipropyläther oder S 421 (Formel 17) potenziert nicht nur die Wirkung von Pyrethrum, sondern ist

$$Cl_3C—CHCl—CH_2—O—CH_2—CHCl—CCl_3 \qquad (17)$$

ebenfalls als Synergist für insektizid wirksame Carbamate geeignet (66).

E. Synthese von Carbamidsäureestern

Carbamidsäureester der Formel 2 werden vorwiegend nach zwei verschiedenen Methoden hergestellt (67). Ausgangsprodukte sind Kohlensäure-

Derivate von Hydroxyl-Verbindungen, wie neutrale- oder Chlor-Kohlensäureester, oder aber Kohlensäure-Derivate von Aminen, wie Isocyanate oder Carbamidsäurechloride.

a) Amidierung von Chlorkohlensäureestern (68, 69)

$$R_1R{>}NH + Cl{-}COOR_2 \longrightarrow R_1R{>}N{-}COOR_2 + HCl \qquad (2)$$

Die Reaktion wird bei wasserlöslichen Aminen in Wasser und mit einem Aminüberschuß durchgeführt. Wasserunlösliche Amine setzt man in organischen Lösungsmitteln wie Äther, Toluol, chlorierten Kohlenwasserstoffen usw., um. Zweckmäßig verfährt man so, daß man die frei werdende Salzsäure durch Soda, Natronlauge oder tertiäre Amine bindet.

Beispiel 1: Synthese von Carbaryl (*37*)
Zu einer Mischung von 100 g einer 39%igen wässrigen Lösung von Methylamin in 100 ml Wasser tropft man bei 25°C langsam 103 g Chlorameisensäure-1-naphthylester. Nach der Zugabe wird noch eine Stunde bei 25°C nachgerührt, der Niederschlag abfiltriert, mit Wasser gewaschen und getrocknet. Man erhält 95 g N-Methylcarbamidsäure-1-naphthylester, weiße Kristalle vom Fp 142°C (Ausbeute 95%).

b) Amidierung von neutralen Kohlensäureestern (70)

$$RO{-}CO{-}OR + CH_3NH_2 \rightarrow CH_3{-}NH{-}COOR + ROH$$

Diese partielle Ester-Aminolyse kann unter milderen Versuchsbedingungen als Rekation a) ausgeführt werden.

Beispiel 2: Synthese von Propoxur (*71*)
156,5 g Bis-(o-isopropoxyphenyl)-kohlensäureester, gelöst in 100 ml Benzol und 150 ml Wasser, werden bei 10°C langsam mit 106 g einer 29,2%igen wässrigen Methylamin-Lösung versetzt. Man rührt drei Stunden nach, trennt die wässrige Schicht ab und wäscht die organische Phase mit verdünnter Natronlauge und Wasser. Die organische Schicht wird eingeengt, mit 300 ml Ligroin versetzt und auf 0°C abgekühlt. Das ausgefallene Carbamat wird abgesaugt und getrocknet. Man erhält 88,2 g o-Isopropoxyphenyl-N-methylcarbamat vom Fp 91,5°C (Ausb. 89%).

c) Reaktion von Isocyanaten, den inneren Anhydriden der Carbamidsäuren (72), oder von Carbamidsäurechloriden (73) sekundärer Amine mit Hydroxylverbindungen:

$$\alpha)\ R{-}NCO + HO{-}R_2 \rightarrow R{-}NH{-}COOR_2$$

$$\beta)\ R_1R{>}N{-}COCl + HO{-}R_2 \rightarrow R_1R{>}N{-}COOR_2 + HCl$$

Beide Reaktionen werden in organischen Lösungsmitteln wie Benzol, Toluol, chlorierten Kohlenwasserstoffen, Äther u.a. durchgeführt. Bei der Isocyanatumsetzung wirken Zusätze geringer Mengen tertiärer Amine oder Metallsalze (Aluminium-, Eisen- und Zinkchloride) reaktionsfördernd (74). Um den bei der Reaktion β entstehenden Chlorwasserstoff zu binden, werden tert. Amine wie Pyridin oder Triäthylamin zugesetzt. Da Phenole mit Isocyanaten träge und nicht quantitativ reagieren, verwendet man zur Darstellung von Carbamidsäurephenylestern besser Reaktion a).

Beispiel 3: Synthese von Barban (75)
15,3 g m-Chlorphenylisocyanat und 43 g 2-Butin-1,4-diol werden in 350 ml Aceton 1 h unter Rückfluß erhitzt. Nach dem Abkühlen versetzt man mit Wasser und erhält 15 g N-(3-Chlorphenyl)-carbamidsäure-4-hydroxy-2-butinylester von Fp 78—82°C (Ausb. 65 %).

Zu dieser Hydroxy-Verbindung, gelöst in 100 ml Chloroform, gibt man 10 g Pyridin und tropft in 2 h 9,5 g Thionylchlorid, in 25 ml Chloroform gelöst, hinzu. Man rührt noch drei Stunden nach, wäscht mit Wasser, Bicarbonatlösung und trocknet mit Natriumsulfat. Nach dem Verdampfen des Lösungsmittels erhält man 14 g N-(3-Chlorphenyl)-carbamidsäure-4-chlor-butin-(2)-yl-(1)-ester (Ausb. 84%). Aus Benzol/n-Hexan umkristallisiert Fp 73-74°C.

Beispiel 4: Synthese von Azak (25)
Zu 220 g 2,6-Di-tert. butyl-p-kresol, in 330 g Toluol und 14 g Triäthylamin gelöst, gibt man innerhalb einer halben Stunde bei 70°C 57 g Methylisocyanat zu. Die Mischung wird 5 h bei 70°C gehalten, abgekühlt und filtriert. Man erhält 260 g N-Methyl-carbamidsäure-2,6-di-tert. butyl-p-tolyl-ester vom Fp 200—201°C (Ausb. 95%).

Beispiel 5: Synthese von Pyrolan (36)
175 g 1-Phenyl-3-methyl-5-pyrazolon werden in 600 ml Benzol mit 135 g Kaliumcarbonat erhitzt und so lange Benzol abdestilliert, bis kein Wasser mehr übergeht. Nach dem Abkühlen versetzt man vorsichtig mit 120 g Dimethyl-carbamidsäurechlorid und erhitzt 10—12 h zum Sieden. Nach dem Abkühlen wird mit Wasser, Pottaschelösung und Wasser gewaschen und das Benzol abdestilliert. 1-Phenyl-3-methyl-pyrazolyl-5-dimethylcarbamat siedet bei 160—162°C und 0,2 mm Druck.

V. Thiolcarbamidsäureester

Die Esteramide der Monothiokohlensäure gliedern sich in die Thion- (Formel 18) und in die Thiol-carbamidsäureester (Formel 19) auf.

$$\begin{array}{c} R \\ {\diagdown} \\ {\diagup} \\ R_1 \end{array} N{-}CS{-}OR_2 \qquad (18)$$

$$\begin{array}{c} R \\ {\diagdown} \\ {\diagup} \\ R_1 \end{array} N{-}CO{-}SR_2 \qquad (19)$$

Aus der Reihe der Thioncarbamidsäureester (Formel 18) wird bislang keine Verbindung für den praktischen Pflanzenschutz genutzt. Aus der Gruppe der Thiolcarbamate (Formel 19) werden bis jetzt nur herbizide Wirkstoffe in der Praxis eingesetzt. Im Gegensatz zu den herbizid wirksamen Carbamidsäureestern sind die Thiol-Derivate nicht aus aromatischen, sondern nur aus aliphatischen oder cycloaliphatischen Amin- und Mercaptoresten aufgebaut.

Tilles u.a. (76) zeigten 1956, daß N,N-Di-n-propyl-thiolcarbamidsäureäthylester oder EPTC[*] (Formel 20) und andere Derivate wie N,N-Di-n-propyl-thiolcarbamidsäure-propylester oder Vernolate[*] (Formel 21) eine überraschende und bisher unbekannte Selektivität innerhalb der Familie der Getreidegräser besitzen. So wird Mais nicht nachteilig beeinflußt, während das Wachstum von Roggen und Hafer vollständig gehemmt wird.

$$\begin{array}{c} C_3H_7 \\ \diagdown \\ \diagup \\ C_3H_7 \end{array} N\!-\!CO\!-\!S\!-\!C_2H_5 \qquad\qquad (20)$$

$$\begin{array}{c} C_3H_7 \\ \diagdown \\ \diagup \\ C_3H_7 \end{array} N\!-\!CO\!-\!S\!-\!C_3H_7 \qquad\qquad (21)$$

EPTC wird heute vorwiegend in Mais, Sojabohnen, Kartoffeln, Tomaten, Erdbeeren und Zierpflanzen eingesetzt, während Vernolate in Sojabohnen und Erdnüssen angewandt wird. Beide Produkte sind vorwiegend gegen Ungräser wirksam.

Verbesserte Pflanzenverträglichkeit für Kulturpflanzen wird erreicht, wenn das Stickstoffatom nicht gleiche, sondern verschiedene Alkylsubstituenten aufweist. *Tilles* u.a. (77) wiesen nach, daß EPTC mit 4 kg/ha das Wachstum von Zuckerrüben um 30% reduziert, während die asymmetrischen Verbindungen N-Äthyl-N-butyl-thiolcarbamidsäurepropylester, common name PEBC oder Pebulate (Formel 22) und N-Cyclohexyl-N-äthyl-thiolcarbamidsäure-äthylester oder Ro-Neet® (Formel 23) bei gleichen Aufwandmengen das Wachstum nicht beeinflussen.

$$\begin{array}{c} C_2H_5 \\ \diagdown \\ \diagup \\ C_4H_9 \end{array} N\!-\!CO\!-\!S\!-\!C_3H_7 \quad (22) \qquad\qquad \bigcirc\!\!-\!N\!-\!CO\!-\!S\!-\!C_2H_5 \quad (23)$$
$$ \underset{C_2H_5}{|}$$

Als Gräserherbizide sind beide Produkte in Zuckerrüben, Mais, Sojabohnen, Spinat und Tomaten selektiv.

Die Reste R und R_1 der Formel 19 können auch zusammen mit dem Stickstoffatom des Carbamat-Moleküls ein heterocyclisches Amin bilden, ohne daß die herbizide Wirksamkeit aufgehoben wird. Die bekannteste Verbindung aus dieser Reihe ist das Reis-Herbizid S-Äthyl-hexahydro-1H-azepin-1-carbothioat oder Molinate[*] (Formel 24). Führt man am

$$\text{N--CO--S--C}_2\text{H}_5 \qquad\qquad (24)$$

Schwefelatom dieser Thiolester chlorhaltige, ungesättigte Reste ein, so wird die Wirksamkeit im Vergleich zu EPTC gegen spezielle Ungräser wie Ackerfuchsschwanz und Flughafer erhöht (*78*). N,N-Diisopropyl-thiolcarbamidsäure-2,3-dichlorallylester oder Diallate[**] (Formel 25) und N,N-Diisopropyl-thiolcarbamidsäure-2,3,3-trichlorallylester oder Triallate[**] (Formel 26) sind die wichtigsten Vertreter dieser Körper-klasse.

$$\left(\frac{\text{H}_3\text{C}}{\text{H}_3\text{C}}\right)\!\!\text{CH}\bigg)_2\!=\text{N--CO--S--CH}_2\text{--CCl}=\text{CHCl} \qquad\qquad (25)$$

$$\left(\frac{\text{H}_3\text{C}}{\text{H}_3\text{C}}\right)\!\!\text{CH}\bigg)_2\!=\text{N--CO--S--CH}_2\text{--CCl}=\text{CCl}_2 \qquad\qquad (26)$$

Beide Mittel sind selektiv in Mais, Flachs und Kartoffeln, Diallate noch in Zuckerrüben, Erbsen, Bohnen und Triallate noch in Weizen, Gerste, Roggen.

Entscheidend für die Wirksamkeit dieser Thiolcarbamate ist die Doppelsubstitution am Stickstoffatom des Carbamidsäureesters. Im Gegensatz zu den herbiziden Carbamidsäureestern beeinträchtigt ein Wasserstoffatom am Stickstoff dieser Thiolcarbamate die biologische Aktivität stark.

Die Thiolester besitzen alle einen relativ hohen Dampfdruck. Zur Verminderung von Wirkstoffverlusten und zur Erhöhung ihrer Wirksam-keit werden sie deshalb in die Bodenoberfläche eingearbeitet und nicht wie die Carbamidsäureester direkt auf den Boden appliziert.

A. Synthese von Thiolcarbamidsäureestern

Zur Synthese der Thiocarbamidsäure-S-ester (Formel 19) können bei Verwendung der jeweiligen schwefelhaltigen Zwischenprodukte die gleichen Darstellungsmethoden wie für die Carbamidsäureester benutzt werden.

a) Amidierung von Thiolkohlensäure-S-esterchloriden (79)

$$\frac{R}{R_1}{>}NH + Cl-CO-SR_2 \rightarrow \frac{R}{R_1}{>}N-CO-S-R_2 + HCl \tag{19}$$

Beispiel 1: Synthese von PEBC (77)
Zu einer Lösung von 10 g Thiokohlensäure-S-propylesterchlorid, gelöst in 125 ml Äther, tropft man bei 5°C 14,9 g N-Äthyl-butylamin. Das ausgefallene Aminhydrochlorid wird abfiltriert, das Lösungsmittel im Vak. abgedampft und der Rückstand destilliert. Man erhält 14 g N-Äthyl-N-butyl-thiolcarbamidsäure-propylester, der unter 20 mm Druck bei 142°C siedet (Ausb. 96%).

b) Reaktion von Carbamidsäurechloriden mit Mercaptiden oder mit Mercaptanen in Gegenwart salzsäurebindender Mittel

$$\frac{R}{R_1}{>}N-COCl + Me-S-R_2 \rightarrow \frac{R}{R_1}{>}N-CO-SR_2 + MeCl \tag{19}$$

Beispiel 2: Synthese von EPTC (76)
Zu 16,9 g fein verteiltem Natrium in 150 ml Xylol werden bei 25—36°C 50 g Äthylmercaptan, gelöst in 86 ml Xylol, innerhalb von 30 Minuten zugetropft. Unter Rückfluß gibt man anschließend 120 g Diisopropyl-carbamidsäurechlorid in 15 min. zu und kocht 3 h unter Rückfluß. Nach dem Abkühlen wird das ausgefallene Natriumchlorid abgesaugt und das Lösungsmittel im Vak. entfernt. Man erhält 125,5 g N,N-Diisopropyl-thiolcarbamidsäure-äthylester, der unter 31 mm Druck bei 136—137°C siedet (90,6% d. Th.).

c) Alkylierung von thiocarbamidsauren Salzen

$$\frac{R}{R_1}{>}N-CO-SMe + R_2Cl \rightarrow \frac{R}{R_1}{>}N-CO-S-R_2 + MeCl \tag{19}$$

Die thiocarbamidsauren Aminsalze entstehen bei der Umsetzung von Aminen mit Kohlenoxysulfid. Thiocarbamidsaure Alkalisalze erhält man, wenn die Aminmenge um die Hälfte reduziert und dafür eine äquivalente Menge Alkalihydroxyd eingesetzt wird (80).

Beispiel 3: Synthese von Diallate (*81*)
In eine Lösung von 202 g Diisopropylamin in 1000 ml Äther wird in 30 min. bei
—10 bis 0°C 120 g Kohlenoxysulfid eingegast. Man rührt 90 min. bei dieser Temperatur nach, fügt auf einmal 145 g 1,2,3-Trichlorpropan hinzu und rührt die Mischung 24 h bei 25—30°C. Ausgefallenes Aminhydrochlorid wird abgesaugt und das Lösungsmittel im Vak. verdampft. Man erhält 250 g N-Diisopropyl-thiolcarbamidsäure-2,3-dichlorallylester, der unter 9 mm Druck bei 149—151°C siedet (Ausb. 93%).

VI. Dithiocarbamidsäureester

Praktische Bedeutung hat von diesen Thiol-thiono-carbamidsäureestern bisher nur der N,N-Diäthyl-dithio-carbamidsäure-2-chlor-allylester (Formel **27**) oder CDEC(*) als Herbizid erlangt (*82*). CDEC ist wie die Thiol-

$$\begin{matrix} C_2H_5 \\ \\ C_2H_5 \end{matrix}\Big\rangle N{-}CS{-}S{-}CH_2{-}CCl{=}CH_2 \tag{27}$$

carbamidsäureester (V.) hauptsächlich gegen Ungräser wirksam und wird speziell in Gemüsekulturen und im Zierpflanzenbau eingesetzt.

Die gebräuchlichste Methode zur Herstellung der Dithiocarbamidsäureester (Formel **28**) ist die Alkylierung der dithiocarbamidsauren Salze. Alle anderen Methoden besitzen demgegenüber nur untergeordnete Bedeutung (**83**).

$$\begin{matrix} R \\ \\ R_1 \end{matrix}\Big\rangle N{-}CS{-}S{-}Me \;+\; Cl{-}R_2 \;\rightarrow\; \begin{matrix} R \\ \\ R_1 \end{matrix}\Big\rangle N{-}CS{-}S{-}R_2 + MeCl \tag{28}$$

Synthese von CDEC (82):
Zu 745 g einer 23%igen wässrigen Lösung von diäthyldithiocarbamidsaurem Natrium, die einige Tropfen Dodecylbenzolfulfonat enthält, werden bei Raumtemperatur in 20 min. 111 g 2,3-Dichlorpropen-(1) zugetropft. Nachdem die exotherme Reaktion abgeklungen ist, wird 4 h bei 56—60°C nachgerührt. Die organische Phase wird nach dem Abkühlen abgetrennt, mit Wasser gewaschen und mit Natriumsulfat getrocknet. Man erhält 199 g N,N-Diäthyl-dithiocarbamidsäure-2-chlorallylester, der unter 1mm Druck bei 128—130°C siedet (Ausb. 89%).

VII. Dithiocarbamidsaure Salze und Thiuramsulfide

Von den Salzen substituierter Carbamidsäuren, Monothiocarbamidsäuren und Dithiocarbamidsäuren werden nur letztere als Fungizide für die landwirtschaftliche Praxis genutzt. Wie alle Verbindungen mit Mercaptogruppen sind auch die Dithiocarbamidsäuren leicht oxydierbar, wodurch ebenfalls fungizid wirksame Thiuramsulfide entstehen. Bei diesen sind zwei Thiocarbaminyl-Reste über eine Mono-, Di- oder Polysulfid-Kette verknüpft.

A. Dithiocarbamidsaure Salze

Tisdale und *Williams* (*84*) ließen sich schon 1931 Verbindungen der Formel 29 als Fungizide, Mikrozide und Desinfektionsmittel patentrechtlich schützen.

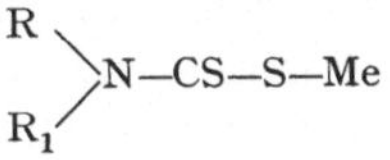

$$\begin{array}{c} R \\ \diagdown \\ \diagup \\ R_1 \end{array}\!\!N-CS-S-Me \qquad (29)$$

10 Jahre später fand *Hester* (*85*), daß auch Metallsalze von Bis-dithiocarbamidsäuren (Formel 30, A = aliphatischer Kohlenwasserstoffrest) für die Praxis als Fungizide brauchbar sind.

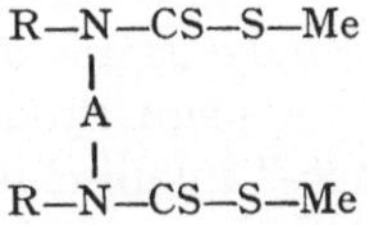

$$\begin{array}{c} R-N-CS-S-Me \\ | \\ A \\ | \\ R-N-CS-S-Me \end{array} \qquad (30)$$

Bedingt durch die um 1930 niedrigen Kupferpreise und durch die Kupferknappheit während des letzten Krieges eroberten sich diese organischen Fungizide erst ab 1940 als Kupferersatzfungizide (II, B, a) ihre derzeitige Marktstellung. Die heute am meisten verwendeten dithio- und bisdithio-carbamidsauren Salze sind in den Tabellen 17 und 18 aufgeführt.

Tabelle 17. $\left(\begin{array}{c} R \\ \diagdown \\ \diagup \\ R_1 \end{array}\!\!N-CS-S\right)_{\!n}\!\!-Me$

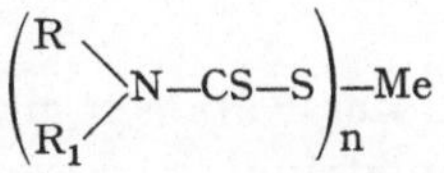

common name	R	R_1	n	Me
SMDC(*) Metham(**)	CH_3	H	1	Na
Ziram(*,**)	CH_3	CH_3	2	Zn
Ferbam(*,**)	CH_3	CH_3	3	Fe

Tabelle 18. $A\begin{cases} NH-CS-S-Me \\ NH-CS-S-Me \end{cases}$

Common name	A	Me
Nabam[*,**]	$-(CH_2)_2-$	Na
Zineb[*,**]	$-(CH_2)_2-$	Zn
Maneb[*,**]	$-(CH_2)_2-$	Mn
Propineb	$-(CH_2-CH)- \atop \qquad\quad CH_3$	Zn

Metham (*86*) wird vorwiegend als Bodenentseuchungsmittel verwendet, bekämpft aber auch keimende Unkräuter und Nematoden. Ziram (*84*) ist gegen Gemüsekrankheiten und Ferbam (*84*) besonders gegen Schorf im Obstbau und Rostpilze wirksam. Zineb (*85*) und Maneb (*87*) werden gegen Pilzkrankheiten im Obst-, Gemüse-, Wein- und Zierpflanzenbau, aber auch in Kartoffeln, Tomaten und Tabak als breit wirksame Blattfungizide verwendet. Das etwas phytotoxische Nabam (*85*) hat nur noch als Bodenfungizid Bedeutung. Wichtiger ist seine Verwendung als Tankmischkomponente für die vom Anwender selbst vorgenommene Herstellung von Zineb und Maneb durch Zugabe von Zink- und Mangansulfat. Die Zineb-Tankmischung ist im allgemeinen etwas aktiver als das technisch hergestellte polymere Produkt, technisches Maneb aber etwas besser als die Maneb-Tankmischung (*88*). Propineb (*89*) wird hauptsächlich im Weinbau eingesetzt.

In Tabelle 19 ist die von *Klöpping* und *van der Kerk* (*90*) beschriebene fungizide Wirksamkeit von dialkyldithiocarbamidsauren Salzen vereinfacht dargestellt.

Daraus ist zu entnehmen, daß größere Alkylreste die fungizide Wirksamkeit vermindern (Substanzen 2, 3, 4, 5). Der Ersatz von Alkyl- durch Arylreste (Substanz 8) und der CS- durch die CO-Gruppe verringert die Aktivität stark (Substanz 10, 11). Die Dithiocarbamidsäureester (Substanz 9) sind weniger wirksam als die Salze der entsprechenden Säuren.

Für den fungiziden Einfluß der Kationen gilt nach *McCallan* (*91*), daß bei gegebener Dithiocarbamidsäure die Eisen-, Zink- und Mangansalze am wirksamsten sind, während die Natrium-, Calcium-, Kupfer-, Nickel- und Bleisalze in der Wirkung abfallen. Für Blattfungizide ist neben der biologischen Aktivität auch die Phytotoxizität für ihren praktischen Einsatz entscheidend. Am pflanzenverträglichsten sind die Bleisalze, gefolgt von den Eisen-, Mangan-, Zink- und Silbersalzen, während die Natrium-, Selen-, Kupfer- und Quecksilbersalze ziemlich phytotoxisch sind.

Tabelle 19. $\left(\begin{array}{c}R\\[2pt]R_1\end{array}\!\!\!\diagup\!\!\!>N{-}CS{-}S\right)_n\!\!-Me$

Substanz	R	R_1	Mc	n	Wirksamkeit
SMDC	H_3C-	$H-$	Na	1	$++$
1	H_3C-	H_3C-	Na	1	$++++$
2	C_2H_5-	C_2H_5-	Na	1	$+++$
3	$i-C_3H_7-$	$i-C_3H_7-$	Na	1	$++$
4	C_3H_7-	C_3H_7-	Na	1	$+$
5	C_4H_9-	C_4H_9-	Na	1	$-$
Ziram	H_3C-	H_3C-	Zn	2	$++++$
Ferbam	H_3C-	H_3C-	Fe	3	$++++$
6	C_2H_5-	C_2H_5-	Se	4	$++++$
7	C_2H_5-	C_2H_5-	Zn	2	$+++$
8	C_6H_5-	C_2H_5-	Zn	2	$-$

Vergleichssubstanzen:

9	$(H_3C)_2N{-}CS{-}S{-}CH_3$	$-$
10	$(H_3C)_2N{-}CO{-}S{-}Na$	$+$
11	$H_3C{-}NH{-}CO{-}S{-}Na$	$+$

B. Thiuram-mono- und -disulfide

Das 1931 von *Tisdale* und *Williams* (*84*) eingereichte Patent schützt
nicht nur die Salze der Dithiocarbamidsäuren, sondern auch deren Oxy-
dationsprodukte (Formel 31), wie die Thiuram-monosulfide (n = 1) und
die Thiuramdisulfide (n =2).

$$\left[\begin{array}{c}R\\[2pt]R_1\end{array}\!\!\!\diagup\!\!\!>N{-}CS\right]_2\!\!-(S)_n \tag{31}$$

Wie bei den dithiocarbamidsauren Salzen sind auch bei den Thiuramsulfiden Fungizide aus mono- und divalenten Aminen bekannt und in
den Tabellen 20 und 21 aufgeführt.

Das bekannteste Thiuramsulfid ist TMTD (*84*), das von allen Dithio-
carbamidsäure-Derivaten das beste Beizmittel für Gemüse- und Rüben-
sämereien ist und als Blattfungizid in Gemüsekultuten, im Obstbau und
in Erdbeeren eingesetzt wird. TMTM (*84*) kann als Obstfungizid speziell
für Apfelanlagen, ETM (*92*) als Boden- und Tomatenfungizid und DPTD
(*93*) als Weinbaufungizid verwendet werden. PÄTD (*94*) besitzt ein
breites Wirkungsspektrum gegenüber vielen Schadpilzen.

G. Scheuerer

Tabelle 20. $R-CS-(S)_n-CS-R$

Common name	R	n
TMTM	$(CH_3)_2N-$	1
TMTD	$(CH_3)_2N-$	2
Thiram(*,**)		
DPTD	(Ring)$N-$	2

Tabelle 21. $-CS-NH-(A-NH-CS-(S)_n-CS-NH)-A-NH-CS-$

Common name	A	n
ETM	$-(CH_2)_2-$	1
PÄTD	$-(CH_2)_2-$	2

Klöpping und *van der Kerk* (*90*) geben für die fungizide Leistung verschiedener Thiuramsulfide die in den Tabellen 22 und 23 aufgezeigten Werte an.

Tabelle 22. H_3C, H_3C $>N-CS-(S)_n-CS-N<$ CH_3, CH_3

Substanz	n	Wirksamkeit
1	0	—
TMTM	1	$+++$
TMTD	2	$++++$
2	6	$++++$

Vergleichssubstanz:
$(CH_3)_2N-CS-O-CS-N(CH_3)_2$ $+++$

Wie bei den dithiocarbamidsauren Salzen nimmt auch bei den Thiuramsulfiden die fungizide Wirksamkeit mit größeren Alkyl- oder Arylresten ab (Substanzen 4, 5, 6, 7). Bilden die Substituenten R und R_1 einen gemeinsamen Ring, so bleibt die biologische Aktivität erhalten (Substanz 8). Die Thiurammonosulfide sind etwas weniger wirksam als die Disulfide.

Faßt man die Ergebnisse der Tabellen 19, 22 und 23 zusammen, so ergeben sich folgende Zusammenhänge: Am stärksten wirksam ist die Gruppierung -CS-S-. Der Ersatz des Thiolschwefels durch Sauerstoff (-CS-O-) hat praktisch keinen Einfluß auf die Wirksamkeit. Der Ersatz

Tabelle 23.
$$\underset{R_1}{\overset{R}{{>}}}N{-}CS{-}S{-}S{-}CS{-}N\underset{R_1}{\overset{R}{{<}}}$$

Substanz	R	R_1	Wirksamkeit
1	H—	H—	+
2	H_3C—	H—	++
TMTD	H_3C—	H_3C—	++++
3	C_2H_5—	C_2H_5—	++++
4	C_3H_7—	C_3H_7—	—
5	$i{-}C_3H_7$—	$i{-}C_3H_7$—	—
6	C_4H_9—	C_4H_9—	—
7	C_6H_5—	H_3C—	—
8	$R+R_1={-}(CH_2)_5$—		++++

des Thionoschwefels durch Sauerstoff (-CO-S-) verringert die Aktivität stark, während die schwefelfreien Verbindungen (-CO-O-) praktisch nicht mehr fungizid wirksam sind. Entscheidend für die fungizide Wirkung ist weiter, daß der basische Rest des Dithiocarbamatmoleküls nicht allzu groß ist und daß das gesamte Molekül in ionischer Form oder in einer Struktur vorliegt, die vom Redoxsystem der Zelle in eine heteropolare Bindung verwandelt werden kann.

C. Dithiocarbamat-Komplexverbindungen

Die dithiocarbamidsauren Salze, wie z.B. Zineb oder Maneb, geben mit Aminen oder Ammoniak Additionsverbindungen, die stabiler, weniger phytotoxisch und fungizid wirksamer sind als die Salze mit nicht koordinativ gebundenem Metallion (*95, 96, 97*).

Flieg (*98*) zeigte, daß dithiocarbamidsaure Salze, wie z.B. Zineb oder Maneb (*99*), durch Thiuramdisulfide, beispielsweise durch PÄTD, in ihrer fungiziden Leistung stark aktiviert werden. Die Mischung der beiden Einzelkomponenten kann je nach dem gewünschten optimalen Verhältnis auf rein mechanischem Wege erfolgen. Vorteilhafter ist es aber — da eine noch bessere fungizide Wirksamkeit erhalten wird —, wenn das optimale Mischungsverhältnis durch chemische Reaktion eingestellt wird. Hierbei wird nur der entsprechende Anteil als Schwermetallsalz gefällt und die verbleibende Dithiocarbamidsäure zum Thiuramdisulfid oxydiert. Unter der Bezeichnung Metiram(**) ist die auf diesem chemischen Wege hergestellte Komplexverbindung, die einem Verhältnis von 80% Zineb zu 20% PÄTD entspricht, als breit wirksames Fungizid gegen wichtige Schadpilze in vielen Kulturen bekannt.

D. Synthese von dithiocarbamidsauren Salzen

Setzt man 1 Mol Schwefelkohlenstoff mit 2 Molen eines primären oder sekundären aliphatischen Amins um, so erhält man das dithiocarbamidsaure Salz des jeweils angewandten Amins. Dithiocarbamidsaure Ammonium- oder Alkalisalze entstehen, wenn nur ein Mol Amin, und dafür ein Mol Ammonium- oder Alkalihydroxyd eingesetzt wird.

$$2\ \overset{R}{\underset{R_1}{>}}NH + CS_2 \rightarrow \overset{R}{\underset{R_1}{>}}N-CS-SH \cdot HN\overset{R}{\underset{R_1}{<}}$$

$$\overset{R}{\underset{R_1}{>}}NH + CS_2 + NaOH \rightarrow \overset{R}{\underset{R_1}{>}}N-CS-SNa + H_2O$$

Aus den wasserlöslichen Alkali- und Ammoniumsalzen gewinnt man die in Wasser unlöslichen Salze durch Fällen mit dem gewünschten Schwermetallkation.

Beispiel 1: Synthese von Nabam (*85*)

Zu 250 g 72%igen Äthylendiamins und 480 g einer 50%igen wässrigen Natronlauge gibt man unter Kühlung in 2 h bei 25°C 478 g Schwefelkohlenstoff. Man rührt 2 h nach und kristallisiert das ausgefallene Salz aus wasserfreiem Alkohol um. Nach dem Trocknen an der Luft erhält man 868 g äthylenbisdithiocarbamidsaures Natrium, das von 85—110°C schmilzt.

Beispiel 2: Synthese von Zineb (*100*)

Zu 1700 ml Wasser, 130 g einer 29%igen wässrigen Ammoniak-Lösung und 95,9 g Äthylendiamin als 63%ige wässrige Lösung gibt man unter Rühren bei weniger als 45°C 160 g Schwefelkohlenstoff und rührt noch 2 h. Zu dieser wässrigen Lösung des äthylenbisdithiocarbamidsauren Ammoniaksalzes fügt man unter Rühren 1700 g einer 10%igen Lösung von Zinkchlorid zu und filtriert den Niederschlag ab. Nach dem Trocknen erhält man 230 g äthylenbisdithiocarbamidsaures Zink (Ausb. 83,5%).

E. Synthese von Thiuramsulfiden

a) Thiuramdisulfide

Thiuramdisulfide werden durch Oxydation der wasserlöslichen dithiocarbamidsauren Amin- und Alkalisalze mit milden Oxydationsmitteln wie Chlor, Natriumtetrathionat, Hypochlorit, Wasserstoffsuperoxyd, Persulfat, Natriumnitrit in saurem Medium, Kaliumferricyanid in alkalischem Medium oder durch Salzelektrolyse gewonnen (*101*). Mit Natriumnitrit läuft die Reaktion nach folgender Gleichung ab:

$$2\ R_2N-CS-SNa + 2\ NaNO_2 + 4\ HCl \rightarrow R_2N-CS-(S)_2-CS-NR_2 +$$

$$+ 2\ NO + 4\ NaCl + 2\ H_2O$$

Beispiel 1: Synthese von TMTD (*102*)

Zu 158 g einer 22,2%igen wässrigen Ammoniak-Lösung, 232 g einer 39%igen wässrigen Dimethylamin-Lösung und 167 ml Wasser gibt man in 5 h bei 20—30°C 152 g Schwefelkohlenstoff. Anschließend versetzt man mit soviel Wasser, daß das Gewicht der gesamten Mischung 1 kg beträgt. Diese Lösung enthält dann 257 g dimethyldithiocarbamidsaures Ammonium. In 8 h wird diese Lösung unter Rühren bei 20°C zu einer Lösung von 69 g Natriumnitrit in 1000 ml Wasser, durch die ständig 17 Teile Luft/h durchgeleitet werden, zugetropft. Gleichzeitig läßt man 30%ige Schwefelsäure so zufließen, daß der p_H-Wert stets zwischen 5,0 und 5,5 liegt. Der ausgefallene Niederschlag wird abgesaugt, mit Wasser gewaschen und bei 60°C getrocknet. Man erhält 220 g Tetramethylthiuramdisulfid, Fp 152°C (Ausb. 98,6%).

b) Thiurammonosulfide

Thiurammonosulfide können aus den dithiocarbamidsauren Salzen mit Chlorcyan oder Phosgen dargestellt werden:

$$2\ R_2N-CS-SNa + ClCN \rightarrow R_2N-CS-S-CS-NR_2 + NaCl + NaSCN$$

$$2\ R_2N-CS-SNa + COCl_2 \rightarrow R_2N-CS-S-CS-NR_2 + 2\ NaCl + COS$$

Man kann diese Verbindungen aber auch durch Entschwefelung der leicht zugänglichen Thiuramdisulfide mit Kaliumcyanid in wässriger oder alkoholischer Lösung gewinnen (*103*).

$$R_2N-CS-S-S-CS-NR_2 + KCN \rightarrow R_2N-CS-S-CS-NR_2 + KSCN$$

Beispiel 1: Synthese von TMTM (*103*)

Eine Aufschlämmung von Tetramethylthiuramdisulfid wird mit einer wässrig-alkoholischen Lösung von Kaliumcyanid erwärmt. Nach kurzer Zeit entsteht eine gelbe Lösung, aus der sich das Tetramethylthiurammonosulfid in fast quantitativer Ausbeute abscheidet; gelbe Kristalle, Fp 104°C.

VIII. Schlußbemerkung

Zwischen chemischer Konstitution und dem biologischen Verhalten einer Substanz bestehen meist keine einfachen Zusammenhänge. Für die Carbamidsäureester und ihrer schwefelhaltigen Derivate lassen sich aus den bisher gefundenen Ergebnissen folgende Zusammenhänge zwischen Konstitution und Wirksamkeit aufstellen, die allgemein gültig sein dürften:

Bei den schwefelfreien Carbamidsäureestern

$$\begin{array}{c} R \\ \diagdown \\ \diagup \ \ N-COO-R_2 \\ R_1 \end{array}$$

erhält man bevorzugt Herbizide, wenn R ein Phenylrest, R_1 Wasserstoff und R_2 ein aliphatischer Rest mit bis zu 4 Kohlenstoffatomen ist. Der aromatische Rest kann in 3-Stellung durch Halogen oder eine Methylgruppe substituiert und der aliphatische Rest ungesättigt, halogeniert oder in α-Stellung verzweigt sein.

Ist R eine Methylgruppe, R_1 Wasserstoff und R_2 ein in 2,6-Stellung alkylsubstituierter Phenylring, so erhält man wiederum nur herbizide Wirkstoffe. Substitution des Phenylrestes nicht in 2,6-, sondern in 3-Stellung durch verzweigte Alkylgruppen mit bis zu 6 Kohlenstoffatomen oder durch Alkoxy- und Thioalkylreste in 2-Stellung führt zu Insektiziden. Insektizide Wirksamkeit ergeben auch Thioalkyl- und Aminogruppen in 4-Stellung, wenn gleichzeitig in 3- oder 3,5-Stellung Alkylsubstituenten stehen. Bei Insektiziden kann R_2 auch ein heterocyclischer Rest oder eine alipathisch bzw. heterocyclisch substituierte Iminogruppe oder ein Naphthylrest sein. Wachstumsregulatoren erhält man, wenn die Substituenten R und R_1 einen gemeinsamen Ring bilden und R_2 ein Phenylrest ist, der in 3-Stellung eine in ionischer Form vorliegende basische Gruppe aufweist.

Bei den Thiolcarbamidsäureestern

$$\begin{array}{c} R \\ \diagdown \\ \diagup \\ R_1 \end{array}\!\!\! N\!-\!CO\!-\!S\!-\!R_2$$

findet man Herbizide, wenn R, R_1 und R_2 aliphatische Reste sind. R und R_1 können auch über einen gemeinsamen Ring geschlossen sein, weisen aber zusammen nicht mehr als acht Kohlenstoffatome auf. R_2 kann maximal aus drei Kohlenstoffatomen bestehen, ungesättigt und halogeniert sein.

Bei den Dithiocarbamidsäureestern

$$\begin{array}{c} R \\ \diagdown \\ \diagup \\ R_1 \end{array}\!\!\! N\!-\!CS\!-\!S\!-\!R_2$$

führen dieselben Substituenten wie bei den Thiolcarbamidsäureestern zu Herbiziden, vorausgesetzt, daß R und R_1 zusammen nicht mehr als vier Kohlenstoffatome ergeben.

Fungizide entstehen, wenn R eine Methylen- oder Methylgruppe, R_1 Wasserstoff oder eine Methylgruppe bedeutet und R_2 als Metallsalz vorliegt oder in einer Struktur, aus der eine heteropolare Bindung entstehen kann.

Literatur

1. Wettlauf mit der Resistenz. Hauptproblem der Schädlingsbekämpfung. Chem. Industrie *15*, 13 (*1963*).
2. The Pesticide Situation for 1962—63 (Sept. 63) und The Pesticide Situation for 1964—65. U.S. Dep. of Agriculture, Sept. 1965.
3. Upward trend continues. Herbicides lead Increase in Pesticide Sales. Agric. Chemicals *20* (10), 46 (1965).
4. *Shepard, H. H.*, and *N. Mahan:* Use of Agricultural Chemicals Continues to Rise. Chem. Engng. News *44* (36), 82 (1966).
5. Here's what they're saying about the 1966 Pesticide Season. Farm Chemicals *129* (10), 28 (1966).
6. *Hanf, M.:* Entwicklung und Ausmaß der Pflanzenschutzmittel-Anwendung. Z. Pflanzenkrankh. (Pflanzenpathol.) Pflanzenschutz *73* (9), 522 (1966).
7. *Audus, L. J.:* The Physiology and Biochemistry of Herbicides. London: Academic Press Inc. Ltd. 1964.
8. *Sharvelle, E. G.:* The Nature and Use of Modern Fungicides. Burgess Publishing Comp.(1961).
9. *Metcalf, R. L.:* Organic Insecticides. Their Chemistry and Mode of Action. New York: Interscience Publishers Inc. 1955.
10. *Schrader, G.:* Die Entwicklung neuer insektizider Phosphorsäureester. Weinheim/Bergstraße: Verlag Chemie 1963.
11. *Friesen, G.:* Untersuchungen über die Wirkung des Phenylurethans auf Samenkeimung und Entwicklung. Planta *8*, 666 (1929).
12. *Templemann, W. G.*, and *W. A. Sexton:* Effect of Some Aryl-carbamic esters and Related Compounds upon Cereals and other Plant Species. Nature (London), *156*, 630 (1945).
13. —— Imperial Chemical Industries Limited, Brit. Patent 574995, 12.5.41, 30.1.46. DBP 833274, 23.10.48, 31.1.52.
14. *George, D. K., D. H. Moore, W. P. Brian*, and *J. A. Garmann:* Relative Herbicidal and Growth Modifying Activity of Several Esters of N-Phenylcarbamic acid. J. agric. Food Chem. *2*, 356 (1954).
15. *De Rose, H. R.:* Agronomy J. *43*, 139 (1951).
16. *Witmann, E. D.:* Pittsburgh Plate Glass Co., U.S. Patent 2695225, 21.5.54, 23.11.54.
17. *Shaw, W. S.*, and *C. R. Swanson:* The Relation of Structural Configuration to the Herbicidal Properties and Phytotoxicity of Several Carbamates and other Chemicals. Weeds *2*, 43 (1953).
18. *Stefanye, D.*, and *H. R. De Rose:* Comparative Herbicidal Activities of Carbamates and N-Substituted Derivates. J. agric. Food Chem. *7*, 425 (1959).
19. *Willard, J. R.*, u. *K. P. Dorschner:* F. M. C. Corp., DBP 1195549, 11.1.62, 24.6.65 (U.S. Priorität 24.1. 61).
20. *Hopkins, T. R., J. County*, and *J. W. Pullen:* Spencer Chemical Comp., U.S. Patent 2906614, 24.3.58, 29.9.59, DBP 1137255, 23.3.59, 27.9.62.
21. *Fischer, A.:* Neue Herbizide zur Unkrautbekämpfung in Rüben- und Gemüsekulturen im Vorauflaufverfahren. Z. Pflanzenkrankh. (Pflanzenpathol.) Pflanzenschutz *67*, (10), 577 (1960).
22. — *H. Windel* u. *H. Stummeyer:* BASF A.G., DBP 1034 912, 24.7.58, 8.1.59.
23. *Gysin, H.*, u. *E. Knüsli:* J. R. Geigy A.G., U.S. Patent 2 776196, 23.8.54, 1.1.57 (Schweizer Priorität 2.8.53).
24. *Haubein, A. H.:* Hercules Powder Comp., U.S. Patent 3 140 167, 7.6.62, 7.7.64

G. Scheuerer

25. *Haubein, A. H.* and *J. R. Hansen:* Some New Methylcarbamate Preemergence Crabgrass Herbicides. J. agric. Food Chem. *13*, 555 (1965).
26. *Herrett, R. A.,* and *R. V. Berthold:* 3,4-Dichloro-benzylmethyl-carbamate and Related Compounds as Herbicides. Science (Washington) *149*, 191 (1965).
27. *Tolbert, N. E.:* 2-Chloroethyl-trimethylammoniumchloride and Related Compounds on Plant Growth Substance. II. Effect on Growth of Wheat. Plant. Physiol. *35*, 380 (1960).
28. *Krewson, Ch. F., J. W. Wood, W. C. Wolfe, J. W. Mitchell,* and *P. C. Marth:* Synthesis and Biological Activity of Some Quaternary Ammonium and Related Compounds That Suppress Plant Growth. J. agric. Food Chem. *7*, 264 (1959).
29. *Jung, J.:* Versuchsergebnisse über die Wirkung von CCC bei Weizen. "CCC Research Symp." Geneva, Switzerland. Techn. Dep. Cyanamid Int., Wayne/ New Jersey.
30. *Stedmann, E.,* and *G. Barger:* Physostigmine (Eserine). Part III. J. chem. Soc. (London) *127*, 247 (1925).
31. *Stevens, J. R.,* and *R. H. Beutel:* Physostigmine Substitutes. J. Amer. chem. Soc. *63*, 308 (1941).
32. *Stedmann, E.:* Studies on the Relationship between Chemical Constitution and Physiological Action. Biochem. J. *20*, 719 (1926).
33. *Kolbezen, M. J., R. L. Metcalf,* and *T. R. Fukuto:* Insecticidal Activity of Carbamate Cholinesterase Inhibitors. J. agric. Food Chem. *2*, 864 (1954).
34. *O'Brien, R. D.,* and *R. W. Fisher:* The Relation between Ionisation and Toxicity to Insects for Some Neuropharmacological Compounds. J. econ. Entomol. *51*, 169 (1958).
35. *Gysin, H.:* Über einige neue Insektizide. Chimia (Zürich) *8*, 205 (1954).
36. Geigy, J. R., A.G.: Schweiz. Patent 279553, 22.8.49, 1.3.52, Schweiz. Patent 282655, 26.8.49, 15.5.52, Brit. Patent 681376, 23.11.49, 22.10.52.
37. *Lambrech, J. A.:* Union Carbide Corp.: U.S. Patent 2903478, 7.8.58, 8.9.59, U.S. Patent 3009855, 7.9.59, 21.11.61, D.B. Patent 1138277, 24.8.56, 18.10.62 (U.S. Priorität 29.8.55).
38. *Haynes, H. L., J. A. Lambrech,* and *H. H. Moorefield:* Insecticidal Properties and Characteristics of 1-Naphtyl-N-methylcarbamate. Contr. Boyce Thompson Inst. *18*, 507 (1957).
39. *Metcalf, R. L.:* Carbamate Insecticides. Agric. Chemicals *16*, (6), 20 (1961).
40. *Bach, R. C.:* Significant Developments in Eight Years with Sevin Insecticide. J. agric. Food Chem. *13*, 198 (1965).
41. *Kilsheimer, J. R.,* u. *H. H. Moorefield:* Union Carbide Corp., DBP 1156273, 23.12.61, 24.10.63 (U.S. Priorität 30.12.60).
42. —— Union Carbide Corp., DBP 1181979, 23.12.61, 19.11.64 (U.S. Priorität 30.12.60).
43. *Fukuto, T. R.:* The Chemistry of Organic Insecticides. Annu. Rev. Entomol. *6*, 324 (1961).
44. *Kohn, G. K., J. N. Ospenson,* and *J. E. Moore:* Some Structural Relationships of a Group of Simple Alkyl Phenyl N-Methylcarbamates to Anticholinesterase Activity. J. agric. Food Chem. *13*, 232 (1965).
45. *Czyzewski,* A., u. *A. Jäger:* Schering A.G., DBP 1156272, 7.5.60, 24.10.63.
46. *Lemin, A. J.:* The Upjohn Comp., U.S. Pat. 3131215, 6.10.60, 28.4.64.
47. — *G. A. Boyack,* and *R. M. Mac Donald:* Alkyl and Halophenyl-N-Methyl-carbamates. J. agric. Food Chem. *13*, 214 (1965).
48. *Böcker, E., D. Delfs, G. Unterstenhöfer* u. *W. Behrenz:* Farbenfabriken Bayer A.G., DBP 1108202, 31.7.59, 28.12.61.
49. *Metcalf, R. L., T. R. Fukuto,* and *M. Y. Winton:* Alkoxyphenyl N-Methylcar-

bamates as Insecticides. J. econ. Entomol. *53*, 828, (1960).

50. — — *M. Frederickson*, and *L. Peak*: Insecticidal Activity of Alkylthiophenyl N-Methylcarbamates. J. agric. Food Chem. *13*, 473 (1965).

51. *Schrader, G.*: Zur Kenntnis neuer, wenig toxischer Insektizide auf der Basis von Phosphorsäureestern. Angew. Chem. *73*, 331 (1961).

52. *Hammann, I., R. Heiß, E. Schegk, G. Schrader* u. *K. Wedemeyer*: Farbenfabriken Bayer A.G., DBP 1 148 107, 2. 6. 61, 2. 5. 63.

53. *Metcalf, R. L., T. R. Fukuto*, and *M. Frederickson*: Para-Substituted Meta-Xylenyl-Diethyl Phosphates and N-Methylcarbamates as Anticholinesterases and Insecticides. J. agric. Food Chem. *12*, 231 (1964).

54. *Shulgin, A. T.*: The Dow Chemical Comp., U. S. Pat. 3 084 098, 4. 11. 59, 2. 4. 63. DBP 1 181 978, 16. 9. 60, 19. 11. 64.

55. *Heiß, R., E. Böcker* u. *G. Unterstenhöfer*: Farbenfabriken Bayer A.G., DBP 1 145 162, 20. 7. 60, 17. 10. 63.

56. *Kaeding, W. W., A. T. Shulgin*, and *E. E. Kenaga*: Alkyl- and Amino-Substituted Phenyl N-Methylcarbamate Insecticides. J. agric. Food Chem. *13*, 215 (1965).

57. *Ridgway, R. L.*: Systemics for Cotton. Farm Chemicals *128* (6), 82 (1965).

58. *Payne, L. K., H. A. Stansbury*, and *M. H. J. Weiden*: A New Type of Methyl-carbamate with Acaricidal Activity. J. med. Chem. *8*, 525 (1965).

59. *Weiden, M. H. J., H. H. Moorefield*, and *L. K. Payne*: O-(methyl-carbamoyl)-oximes: A New Class of Carbamate Insecticide-Acaricides. J. econ. Entomol. *58*, 154 (1956).

60. *Payne, L. K., H. A. Stansbury*, and *M. H. J. Weiden*: The Synthesis and Insecticidal Properties of Some Cholinergic Trisubstituted Acetaldehyde O-(Methylcarbamoyl)-Oximes. J. Agric. Food Chem. *14*, 356 (1966).

61. *Addor, R. W.*: Synthesis of Dithiolane Oxime Carbamate Insecticides. J. agric. Food Chem. *13*, 207 (1965).

62. *Moorefield, H.*: Synergism of the Carbamate Insecticides. Contr. Boyce Thompson Inst. *19*, 501 (1958).

63. *Wilkinson, C. F.*: Synergism and the Carbamate Insecticides. Farm Chemicals *129* (10), 48 (1966).

64. *Adolphi, H.*: Examination of a Pyrethrum Synergist. Pyrethrum Post 4 (4), 3 (1958).

65. — *H. Stummeyer, F. Becke* u. *H. Sperber*: BASF AG, DBP 1 029 189, 24. 11. 55, 30. 4. 58.

66. *Georghiou, G. P.*, and *R. L. Metcalf*: Synergism of Carbamate Insecticides with Octachlordipropyl Ether. J. econ. Entomol. *54*, 150 (1961).

67. *Adams, P.*, and *F. A. Baron*: Esters of Carbamic Acid. Chem. Reviews *65*, 567 (1965).

68. *Matzner, M., R. P. Kurkjy*, and *R. J. Cotter*: The Chemistry of Chloroformates. Chem. Reviews *64*, 645 (1964).

69. *Houben-Weyl*: Methoden der Organischen Chemie. Sauerstoffverbindungen III, *8*, 101 (1952).

70. — Methoden der Organischen Chemie. Sauerstoffverbindungen III, *8*, 106 (1952).

71. *Heiß, R., E. Böcker* u. *H. Morschel*: Farbenfabriken Bayer AG, DBP 1 165 577, 28. 5. 60, 19. 3. 64.

72. *Houben-Weyl*: Methoden der Organischen Chemie. Sauerstoffverbindungen III, *8*, 119 (1952).

73. — Methoden der Organischen Chemie. Sauerstoffverbindungen III, *8*, 117 (1952).

74. *Baker, J. W.*, and *J. B. Holdsworth*: Kinetic Examination of the Reaction of Aryl Isocyanates with Methyl Alcohol. J. chem. Soc. (London) 713 (1947).

75. *Hopkins, T. R., J. County*, and *D. D. Strickler*: Spencer Chemical Comp., U. S.

Patent 3155 713, 5.9.61, 3.11.64.

76. *Tilles, H.*, and *J. Antognini:* Stauffer Chemical Comp., U.S. Patent 2913327, 17.1.56, 17.11.59; DBP 1031571, 17.1.57, 4.12.58 (U.S. Priorität 17.1.56).

77. — — Stauffer Chemical Comp., U.S. Patent 3175897, 11.1.57, 30.3.65.

78. *D'Amico, J. J.*, u. *M. W. Harman:* Monsanto Chemical Comp., DBP 1142464, 8.5.59, 17.1.63 (U.S. Priorität 28.2.57).

79. *Houben-Weyl:* Methoden der Organischen Chemie. Schwefel-, Selen-, Tellur-Verbindungen *9*, 808 (1955).

80. — Methoden der Organischen Chemie. Schwefel-, Selen-, Tellur-Verbindungen *9*, 823 (1955).

81. Monsanto Chemical Comp., Brit. Patent 882111, 28.2.58, 15.11.61, (U.S. Priorität 28.2.57) und Brit. Patent 956460, 13.7.60, 29.4.64 (U.S. Priorität 13.7.59).

82. *Harman, M. W.*, and *J. J. D'Amico:* Monsanto Chemical Comp., U.S. Patent 2744898, 17.3.52, 8.5.56; DBP 1039303, 16.12.54, 18.9.58.

83. *Houben-Weyl:* Methoden der Organischen Chemie. Schwefel-, Selen-, Tellur-Verbindungen *9*, 837 (1955).

84. *Tisdale, W. H.*, and *I. Williams:* E. I. du Pont de Nemours & Comp., U.S. Patent 1972961, 26.5.31, 11.9.34.

85. *Hester, W. F.:* Röhm & Haas Comp., U.S. Patent 2 317 765, 20.8.41, 27.4.43.

86. *Dormann, S. C.*, and *A. B. Lindquist:* Stauffer Chemical Comp., U.S. Patent 2766554, 28.7.54, 16.10.56. DBP 1 013 302. 27.6.55, 26.8.65.

87. *Flenner, A. L.:* E. I. du Pont de Nemours & Comp., U.S. Patent 2504404, 12.6.46, 18.4.50.

88. *Thorn, G. D.*, and *R. A. Ludwig:* The Dithiocarbamates and Related Compounds. Elsevier Publishing Comp. (Amsterdam — New York), *262* (1962).

89. *Mugno, M.:* Montecatini, DBP 1175936, 13.6.60, 13.8.64.

90. *Klöpping, H. L.*, and *G. J. M. van der Kerk:* Investigations on Organic Fungicides. IV) Chemical Constitution and Fungistatic Activity of Dithiocarbamates, Thiuramdisulphides and Structurally Related Compounds. Recueil Trav. chim. Pays-Bas *70*, 917 (1951).

91. *McCallan, S. E. A.:* Agric. Chemicals *1* (7), *15* (1946).

92. *Martin, L.*, *H. R. Chipman*, and *C. W. Gates:* U.S. Rubber Comp., U.S. Patent 2 859 246, 9.5.55, 4.11.58.

93. *Krzikalla, H.*, u. *O. Flieg:* BASF A.G., DBP 928262, 7.12.51, 26.5.55.

94. *Weschky, L.*, u. *O. Flieg:* BASF A.G., DBP 919350, 17.1.53, 21.10.54.

95. *Reisener, H.*, u. *H. Schüler:* Gebr. Borchers A.G., DBP 1057814, 10.1.56, 21.5.59; DBP 1082 764, 23.8.57, 2.6.60.

96. *Windel, H.:* BASF A.G., DBP 1202266, 6.10.61, 12.5.66.

97. — u. *E. H. Pommer:* BASF A.G., DBP 1 226 361, 27.3.65, 6.10.66.

98. *Flieg, O.*, u. *H. Windel:* BASF A.G., DBP 1076 434, 17.8.57, 25.2.60; DBP 1085709, 23.5.59, 21.7.60.

99. *Windel, H.*, u. *E. H. Pommer:* BASF A.G., DBP 1191170, 26.8.61, 16.12.65.

100. *Mugnier, P.: Progil*, U.S. Patent 2855418, 17.1.55, 7.10.58 (Franz. Priorität 17.1.54).

101. *Houben-Weyl:* Methoden der Organischen Chemie. Schwefel-, Selen,- Tellur-Verbindungen *9*, 853 (1955).

102. *Schlecht, H.*, *L. Weschky* u. *H. Schroeder:* BASF A.G., DBP 1164391, 31.8.62, 17.9.64.

103. *Houben-Weyl:* Methoden der Organischen Chemie. Schwefel-, Selen-, Tellur-Verbindungen *9*, 850 (1955).

Eingegangen am 18. Januar 1967

Entfernung und Sicherstellung
von Radionukliden aus Abwässern

Prof. Dr. L. v. Erichsen

Abteilung Kernchemie des Instituts für Physikalische Chemie, Universität Bonn

Inhalt

L. v. Erichsen

A. Einleitung

In diesem Beitrag werden im Zusammenhang mit radioaktiven Abwässern und Lösungen folgende übliche Begriffe und Abkürzungen benutzt:

Heiß: So hohe Aktivitätskonzentration, daß ein D.-F. $>10^5$ und eine Strahlenabschirmung erforderlich sind;

Warm: Aktivitätskonzentration wesentlich höher als die M.Z.K.; erforderlicher D.-F. 10^3 bis 10^5; äußere Strahlenabschirmung meist entbehrlich;

Lau: Aktivitätskonzentration nicht wesentlich über der M.Z.K.; erforderlicher D.-F. 10 bis 10^3;

Kalt: Aktivitätskonzentration $\leq$ M.Z.K.;

D.-F.: Dekontaminations-Faktor (Verhältnis der spez. Aktivitäten vor und nach der Behandlung);

D.-L. Dosis-Leistung (mrem/h);

K.-F.: Konzentrierungs-Faktor (Verhältnis der Volumina vor und nach der Behandlung);

MWd/t: Abbrand in Megawatt-Tagen/t Kernbrennstoff;

M.Z.K.: Maximal Zulässige Konzentration (μc/ml).

Die Behandlung radioaktiver Abwässer muß sich grundsätzlich von jener sonstiger Abwässer unterscheiden. Normalerweise nämlich können toxisch wirkende oder andere unerwünschte Bestandteile des Wassers durch physikalische, chemische oder biologische Behandlung zumindest prinzipiell unschädlich gemacht werden. Im Wasser vorhandene Radionuklide bleiben jedoch als solche erhalten. Daher muß jedes *Entaktivierungsverfahren* des Wassers im Zusammenhang mit dem endgültigen *Verbleib* der Radioaktivität bewertet werden.

Entscheidend bleibt die Begrenzung der *Aktivitäts-Konzentration* in den lebensnotwendigen Medien. Die Werte für die M.Z.K. sind international festgelegt und verbindlich (*39*). Wesentlich ist, daß die M.Z.K. Sicherheit bei der *Inkorporierung* von Radionukliden bietet. Dann ist auch völlige Sicherheit gegen *äußere* Strahleneinwirkung implizite gewährleistet.

Eine Abschätzung der Spaltproduktmengen und der Aktivitäten, die künftig als wässerige Lösungen anfallen werden (*9, 10, 11*) gibt Tab. 1. Nur wenig geringere Werte hat vor etwa 10 Jahren *Zeitlin* (*82*) vorausgeschätzt.

Tabelle 1. *Schätzung des Aktivitäts-Anfalles bis zum Jahre 2000 (nach Belter (8, 9))*

Kennzahl	1970	1980	2000
In Kernkraftwerken installierte			
Leistung (MWe)	5000	40000	735000
Abbrand (MWd/t)	18000	25000	25000
Jährl. Anfall heißen Abwassers			
(10^3 m³/Jahr)	—	135	11400
Sr-90 (10^6 c)	40	340	6700
Spaltprodukte, gesamt (10^6 c)	3000	20000	530000

Ferner ist der Anteil der bei der Spaltung von U-233, U-235 bzw. Pu-239 anfallenden *langlebigen* Spaltprodukte zu berücksichtigen (s. Tab. 2). Sie bestimmen qualitativ und quantitativ die Entaktivierungsverfahren.

Tabelle 2. *Langlebige Radionuklide aus 100-Tage-Spaltprodukten von U-233, U-235 bzw. Pu-239 (30, 37, 44, 67)*

Radionuklid	Halbwertszeit	Anteil [%]
Sr-89	51 d	1,8—6,5
Sr-90	28 a	5,8
Zr/Nb-95	65 d	5,6—6,3
Ru-106	1 a	0,4—4,7
Cs-137	30 a	5,9
Ce-144	285 d	3,4—6,0
Pm-147	2,65 a	2,6
Sm-151	80 a	0,5

Ein weiteres, charakteristisches Phänomen ist die Wärmeentwicklung durch Selbstabsorption vor allem der β-Strahlung. Sie ist unvermeidbar und nimmt mit steigender spez. Aktivität zu. Je nach dem Reprocessing-Verfahren und damit der Spaltprodukt-Konzentration liegen die Wärmeraten bei 0,5—8 W/l (*63*), bzw. für höheren Abbrand (10000 MWd/t) bei 15 W/l (*76*). Die Zukunft wird bei weiter gesteigertem Abbrand noch höhere Wärmeleistungen bringen (s. C.1.b)).

B. Entaktivierungs-Verfahren

Alle Entaktivierungsverfahren haben nur ein Ziel: Sie sollen die spez. Aktivität allgemein zugänglicher Wasservorkommen nicht über die M.Z.K. steigen lassen. Das ist möglich durch:

1. Speicherung des radioaktiven Abwassers bis zum Abklingen unter die M.Z.K. (vgl. E.I.);
2. Verdünnung mit inaktivem oder genügend weit unter der M.Z.K. liegendem Wasser;
3. Auftrennung des Wassers in ein hochaktives Konzentrat und eine unter der M.Z.K. liegenden Hauptmenge.

Die Speicherung warmer und heißer Abwässer bietet indessen eine Reihe chemischer und radiochemischer Probleme. Sie wird nur im Zusammenhang mit der Endlagerung (E.I.) kurz diskutiert, da sie keine eigentliche Abwasserreinigungsmethode ist.

I. Verdünnung

Hinsichtlich der Verfahren zur Verdünnung radioaktiver Wässer sind keine bemerkenswerten Verbesserungen zu erkennen oder auch nur zu erwarten. Die Erweiterung unserer Kenntnisse bezieht sich hauptsächlich auf die Aktivitätsausbreitung in den *Ozeanen* (7, 13). Sie brachten vor allem den Nachweis unerwartet rasch ablaufender Diffusions- und Konvektionsvorgänge in der Vertikalen und Horizontalen, verstärkt durch stellenweise weitreichende Turbulenz.

Ferner liegen neuere Arbeiten über die physiologisch-chemische Speicherung von Spaltprodukten in Meeresorganismen vor und über die Methoden zur Ermittlung des damit verbundenen Risikos (36). Die internationale legale und haftungsmäßige Situation bei der Verseuchung durch ungenügende Dekontamination wurde von *Hydemann* (38) und von *Manner* (54) eingehend diskutiert.

Standorte von Kernenergieanlagen sind im Binnenland viel häufiger zu finden als in Küstennähe. Ihnen stehen dann aber nur Wasserläufe, Seen und Grundwasser als Verdünnungsmilieu zur Verfügung. Mit Rücksicht auf die lebensnotwendige Nutzung solcher Wasserreservoire werden die physikalisch-chemischen Untersuchungen über das Schicksal der dorthin eingeleiteten Radionuklide intensiv fortgesetzt. Sie werden im Wasser, je nach den Bedingungen, verdünnt, ausgebreitet, abgesetzt, ausgefällt und wieder nachträglich konzentriert (40, 62). Da ebensolche Prozesse die Entaktivierungsverfahren charakterisieren, braucht hier nur darauf hingewiesen zu werden. Eingehendere Daten dazu aus neuester Zeit enthalten amerikanische Arbeiten (62).

Die rapide wachsende Produktion von Spaltprodukten wird es voraussichtlich in absehbarer Zeit unmöglich machen, das Verdünnungsverfahren ohne Vorbehandlung überhaupt noch anzuwenden. Schon heute produzieren z.B. die britischen Anlagen ca. $800 \cdot 10^6$ c/Jahr, die bei einer mittleren M.Z.K. von 10^{-7} µc/ml $8 \cdot 10^6$ km³ Verdünnungswasser benötigen würden, also viel mehr als das gesamte Ostsee-Volumen (*44, 54*).

II. Konzentrierung

a) Eindampfen

Darunter sind alle Prozesse zu verstehen, die durch Verdampfung ein ableitbares Destillat und ein hochaktives Konzentrat liefern; das Konzentrat ist eine Salzlösung, die gegebenenfalls beim Abkühlen erstarren kann (vgl. Tab. 8). Das Eindampfen liefert sehr hohe Dekontaminationsfaktoren von 10^4 bis 10^6.

Die dem Verfahren anhaftenden Probleme sind neben Korrosionen (10 °C Temperaturerhöhung steigern die Gesamt-Korrosionsrate um eine Größenordnung (*23*)) die Ausscheidungs-Gleichgewichte von Salzen (Verkrustungen) während der Konzentrierung, Wärmeübergang, Schaumbildung, Radiolyse u. ähnliche.

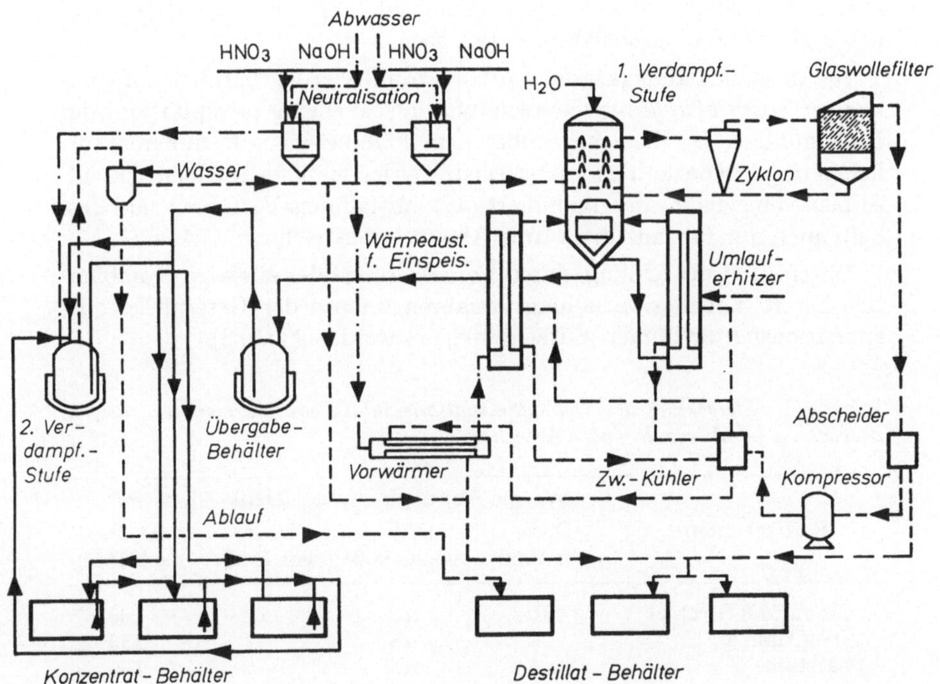

Abb. 1. Schema einer 2stufigen Eindampfanlage für heißes Abwasser (nach *Marcaillou* (*55*)).

L. v. Erichsen

Das führte zu recht einheitlichen Entwicklungen der Verfahren, gekennzeichnet durch eine Auftrennung in Teilstufen (*11, 23, 55*). Ein Beispiel
für viele zeigt Abb. 1 (s. S. 299) (*55*).

Das Haupteindampfen (ohne Überschreitung des Löslichkeitsproduktes
irgendeiner Komponente) geschieht in der 1. Verdampferstufe. Die Kolonne arbeitet mit Unterdruck, Brüdenverdichtung, Rücklauf und Ab-
scheideeinbauten gegen Sprüh- und Schaumanteile. Verkrustungen sind
zuerst an Heizflächen zu erwarten; man verwendet deshalb generell von
der Kolonne getrennte Umlauferhitzer, die mit geringerer Gefahr zu
reinigen sind. Die 2. Verdampferstufe zur Endkonzentrierung hat aus
demselben Grund nur einen einfachen Heizmantel. Sonstige Einzelheiten
sind aus dem Bild zu ersehen.

b) Fällen

Nur ausnahmsweise wird von *spezifischen (Träger-) Fällungen* Gebrauch
gemacht. Sie sind allein dann sinnvoll, wenn nur ein oder wenige Radionuklide sehr enger chemischer Verwandtschaft vorliegen (z. B. Erdalkalien, Seltene Erden). In diesem Fall führt die spezifische Ausfällung
etwa von $BaSO_4$ nach Zusatz von genügend Träger-Ba^{2+} zu ausgezeich-
neten Dekontaminationsfaktoren (*52, 56*).

Die meisten Fällungsverfahren zur Entaktivierung beruhen auf einer
unspezifischen Mitfällung (coprecipitation, scavenging precipitation) der
Radionuklide. Da diese gegenüber dem Fällungsagens in außerordent-
lich geringer Konzentration vorliegen, werden sie vom Niederschlag ad-
sorbiert, eingebaut oder okkludiert (*43*). Mitfällungs-Verfahren sind deshalb auch nur für laue bis warme Abwässer ausreichend wirksam.

Durch die Entwicklung, durch Verbesserung oder günstige Kombination bereits üblicher Mitfällungsverfahren konnte der Gesamt-Dekont-
aminationsfaktor immer weiter gesteigert werden (Tab. 3).

Tabelle 3. *Steigerung des Dekontaminationsfaktors von warmen und heißen
Abwässern in Marcoule (nach Wormser (80))*

Radioelemente	Warme Abwässer		Heiße Abwässer	
	D.-F. vor 1960	D.-F. nach 1960	D.-F. vor 1960	D.-F. nach 1960
Gesamte β-Strahler	10	12	12	100
Strontium	1	75	2	150
Caesium	3	1,5	5	100
Cerium	100	500	1000	5000
Ruthenium	2	2	2	5
Zirkonium	100	250	1000	4000

Die Tab. 3 zeigt auch, in bezug auf welche langlebigen Radionuklide die derzeitigen Mitfällungsverfahren noch nicht befriedigen.

Ausgehend von Al, Fe, Ca und OH, PO_4, CO_3 als gebräuchliche Fällungskomponenten, sind durch Permutation und Kombination weit über hundert einfache und kompliziertere Mitfällungs-Verfahren denkbar. Viele von ihnen sind während des ersten Jahrzehnts der Kernspaltung tatsächlich benutzt worden, doch ihre Zahl ist inzwischen durch pragmatische Auslese stark geschrumpft. Nachstehend wird nur auf diejenigen eingegangen, die derzeit betriebsmäßig angewendet werden oder als neuere Entwicklungen aussichtsreich erscheinen.

1. *Hydroxid-Fällungen*

Zur Vorbereitung fast aller Mitfällungen ist eine Alkalisierung der ursprünglich mehr oder weniger sauren Abwässer erforderlich. Unter dieser Voraussetzung ist bei Verwendung von *Fe-* oder *Al-Salzen* kein weiterer Fällungszusatz notwendig. Selbst am Neutralpunkt liefern die Salze durch Hydrolyse genügend unlösliches Hydroxid; dieses kann bei der Koagulation große Aktivitäten (Ionen und Kolloide) adsorbieren und okkludieren, wenn sie möglichst trägerfrei vorliegen.

Das seit langem benutzte $Al(OH)_3$ (aus Alaun oder Al-Sulfat) hat sich als recht empfindlich gegenüber Veränderungen der Fällungsbedingungen erwiesen und wird nur noch selten angewendet. Es ist zwar recht geeignet wenn Suspensionen und Kolloide vorliegen, aber weniger zuverlässig bei ionogenen Radionukliden.

Das $Fe(OH)_3$ dagegen hat sich bis heute gehalten; es wird allerdings kaum noch allein angewendet, sondern meist in Verbindung mit anderen Fällungsmitteln (*50*).

2. *Calciumphosphat-Fällung*

Die Wirksamkeit dieser Fällungs-Methode wird besser mit steigendem pH-Wert. Da das entaktivierte Wasser vor der Einleitung in den Vorfluter ein pH von 7—8,5 haben sollte, ist der günstigste Kompromiß zwischen notwendigem Dekontaminationsfaktor und Neutralisationsaufwand zu suchen. Er liegt meist bei pH 9,5 oder darunter.

Enthält das Ausgangswasser zu wenig Ca-Ionen, so werden sie in Konzentrationen von mindestens 50 ppm zugesetzt, je nach dem pH als Ca-Salze mit oder ohne NaOH-Zugabe. Eine Alkalisierung nur mit $Ca(OH)_2$ würde den Anfall an aktivem Schlamm unnötig erhöhen (*20*).

Die Ausfällung des Ca^{2+} mit $Na_3PO_4 \cdot 12\,H_2O$ liefert nach neueren Untersuchungen im vorliegenden pH-Bereich einen Hydroxy-Apatit $3\,Ca_3(PO_4)_2 \cdot Ca(OH)_2$. Hierzu sind mindestens 80 ppm (als PO_4^{3-} gerechnet) erforderlich. Wesentlich höhere Phosphat-Konzentrationen liefern keine besseren Ergebnisse und führen fast immer zu sehr lästigem Algenwuchs in Anlagen und Behältern (20).

Zuweilen wird ein mangelhaftes Koagulieren und Absetzen des Phosphat-Niederschlages durch oberflächenaktive Substanzen aus Laboratorien und Wäschereien verursacht (vgl. B.II.b) 7.). Dem kann man oft durch einen Fe^{3+}-Zusatz abhelfen (ca. 40 ppm). Unter den obigen Fällungsbedingungen entsteht so $3\ Fe_2O_3 \cdot FePO_4 \cdot 3\ H_2O$. Da Eisen(III)-Salze korrosiv wirken und relativ teuer sind, kann man sie weitgehend durch Fe^{2+}-Salze, etwa $FeSO_4$, ersetzen, falls genügend Oxydations-Sauerstoff zugeführt wird. Durch das Fe^{3+} wird zugleich alles überschüssige Phosphat wieder entfernt (20, 25).

3. *Calciumcarbonat-Fällung*

Das Kalk—Soda-Verfahren gehört zwar zu den Standard-Verfahren der Wasserreinigung, wurde aber erst später als das Phosphat-Verfahren in die Entaktivierung eingeführt. *Cowser* (24) konnte damit 19 bis 78 % der Aktivität (Sr, Ba, Cd, Y, Sc, Zr/Nb) aus warmem Abwasser entfernen; die Cs-137-Entfernung (bis 55 %) läßt sich damit verbinden, wenn Tonsuspensionen* zugesetzt werden.

Die mit dem $CaCO_3$ ausgefällten Radionuklide sind durch die Isomorphie ihrer Carbonate oder/und durch ausreichende Übereinstimmung ihrer Ionenradien mit dem des Calciums charakterisiert. Je geringer der Rest-Ca-Gehalt (bei Na_2CO_3-Überschuß), um so besser wird der Dekontaminationsfaktor; er sinkt dagegen bei niedrigen Temperaturen und kurzen Umsetzungszeiten, wobei kolloidale Suspensionen entstehen. Diese Erscheinung läßt sich durch die Rückführung von gröberen Carbonat-Niederschlägen in die Fällung weitgehend beheben. In dieser Variante besteht eine Analogie zum folgenden Sonderverfahren.

Für Wasser mit nicht zu hoher Gesamthärte, aber hohem Carbonathärteanteil, wird das *Wirbos*-Enthärtungsverfahren empfohlen (70). Es benutzt die Reaktion

$$Ca(HCO_3)_2 + Ca(OH)_2 \rightarrow 2\ CaCO_3 + 2\ H_2O$$

Aus strömungstechnischen Gründen der notwendigen Verweilzeit setzt e-einen Mindestdurchsatz von 5 m^3/h und eine spez. Aktivität von höchstens dem 10- bis 100fachen der M.Z.K. voraus. Das entstehende $CaCO_3$ wächst im konischen Schnellreaktor zum größten Teil auf im Wasser

---

* Hergestellt durch Feinmahlen des besonders gut geeigneten Cosanauga-Schiefers mit Gehalten von 40 % Illit und 25 % Montmorillonit (24)

schwebende Marmor-Kontakt-Körnchen auf. Nach eigenen Erfahrungen können so unter günstigen Bedingungen bis 5 mm große Calcitkugeln entstehen.

Der Übergang von der Ca-Phosphat- zur $CaCO_3$-Fällung mit Carbonat-Überschuß hat bei warmen Abwässern zu einer Steigerung des Gesamt-dekontaminationsfaktors beigetragen (s. Tab. 3); das gilt auch für heiße Abwässer in Verbindung mit der $Ni_2Fe(CN)_6$- und $Fe(OH)_3$-Fällung (s. u.).

4. *Komplex-Fällungen*

Die Dekontaminationsfaktoren der meisten Mitfällungsverfahren zeigen gegenüber bestimmten Radionukliden viel zu niedrige oder stark streuende Werte, vor allem bei Ru und Zr/Nb. Dem sucht man durch Einschalten einer zusätzlichen Fällungsstufe zu begegnen, etwa mittels FeS (*20*), $Cu_2[Fe(CN)_6]$ oder $Ni_2[Fe(CN)_6]$ (*21, 49*). Die Wirksamkeit dieser Maß-nahme wird durch die gleichzeitige Reduktion der höchsten, schwer fäll-baren Oxydationsstufen dieser Radionuklide zu erklären versucht.

Die in Harwell seit langem betrieblich angewendete FeS-Fällung (vgl. B. II. b) 7.) benutzt Zusätze von nur 20 ppm Fe^{2+} (als $FeSO_4$) und 20 ppm S^{2-} (als Na_2S). Für die gleichzeitig beobachtete Verdopplung des Dekontaminationsfaktors für Cs^+ steht eine plausible Erklärung noch aus (*20*).

Ein neuerdings bekanntgewordenes Verfahren bedient sich der Fällung von Pb-paraperjodat mittels $Na_3H_2JO_6$ (*3*). Fällt man bei pH ≤ 2 mit etwa 200 ppm des Fällungsmittels, so können selbst aus Ru-reichem Wasser 50 bis 98 %, im Mittel 80 % des Ru-106 entfernt werden.

Bei der Pb-paraperjodat-Methode liegt der Sonderfall einer *anionischen* Mitfällung vor. Deswegen muß das Ru durch einen vorher zugesetzten Überschuß an $KMnO_4$ vor einer Reduktion zum Kation geschützt werden. Auf jeden Fall ist die Entfernung des Ru weiterhin verbesserungsbe-dürftig. Vor allem sollten mit Rücksicht auf den Großbetrieb zu exoti-sche Fällungsmittel vermieden werden. Die Suche nach Methoden, die weitgehend unabhängig vom Valenzzustand dieses lästigen Radionuklids sind, wird intensiv weiterbetrieben (*80*).

5. *Silicat-Fällung*

Die Beobachtung, daß Kieselgel im Augenblick seiner Ausfällung aus lös-lichen Silicaten große Mengen Kationen festhalten kann, nutzte *Milone* (*57*) zur Fällungsentaktivierung aus. Für $Sr^{2+}-90$ und Cs^+-137 sind aller-dings relativ große Trägermengen notwendig, so daß hier sicher nicht nur

L. v. Erichsen

Mitfällung vorliegt, sondern auch eine spezifische Ausfällung der entsprechenden, schwerlöslichen Silicate.

6. *Kalkseifen-Fällung*

Kürzlich berichtete *v. Erichsen* (*31*) über die weitgehend unspezifische Mitfällung vieler Radionuklide bei der Ausfällung von Ca-Ionen mit Lösungen von Kaliseifen.

Alkaliionen und die meisten Anionen werden nicht oder nur in geringen Mengen mitgefällt. Bei den Erdalkalien werden mittlere Dekontaminationsfaktoren, bei den Übergangsmetallen, Seltenen Erden, Schwermetallen und Actiniden solche von 10^2 bis 10^3 erreicht.

Bei kalkarmem Wasser erhält man die besten Ergebnisse nach Zusatz von Gipslösung. Das Maximum der Entaktivierung liegt bereits bei der Ausfällung von 30 bis 40 % der stöchiometrischen Kalkseifenmenge. Bei Ausfällung von mehr als 50 % wird der Dekontaminationsfaktor wieder ungünstiger; aus noch unbekannter Ursache entstehen immer schlechter koagulierende, nicht mehr filtrierbare Niederschläge. Seifen von natürlichen Fettsäure*gemischen* sind wirksamer als reine Fettsäuren. Durch nachträgliches Verbrennen des Fettsäureanteiles des Niederschlages kann der Konzentrierungsfaktor noch erheblich gesteigert werden. Getrocknete Kalkseifen lassen sich brikettieren und sind durch Wasser nicht mehr benetzbar, also weitgehend auslaugungssicher.

Der wirksame Mitfällungseffekt läßt sich qualitativ verstehen durch die großen und unterschiedlichen Gitterkonstanten der Kalkseifen, in die Ionen und Komplexe verschiedener Radien eingebaut werden können. Sie haben ferner gemischt lipophil-polaren Charakter und sind daher auch gegen Chelatbildner kaum empfindlich. Auch wurden ausgeprägte Ionenaustauscher-Eigenschaften nachgewiesen. Da die sonstigen physikalisch-chemischen Daten der Kalkseifen bisher noch wenig bekannt sind, bleibt die Methode Gegenstand eingehender Untersuchungen.

7. *Fällungs-Störungen*

Bei allen $CaCO_3$-Fällungsverfahren wird die Wirksamkeit durch die Gegenwart einiger Komplexbildner und Detergentien beeinträchtigt; sie bilden mit Ca, Mg, Sr usw. Chelate, die sich der Fällung entziehen (*24*). Je alkalischer die Prozeßführung, um so stärker wird diese Fällungshemmung.

Diese Störung haben *Krawczynski* (*50*) u. a. im Hinblick auf eine Fällungskombination untersucht, die etwa dem in Harwell angewendeten Entaktivierungsweg entspricht:

akt. Abwasser → + NaOH (pH 11,5) → + Vermiculit → Na_3PO_4-Fällg. →
+ $FeSO_4$ → + $FeCl_3$ → + Na_2S → + $FeSO_4$ ——→ Filtration

Schlamm-   Schlamm- *Ableitung*
abtrenng.   abtrenng.

Dabei veränderten Komplexbildner den Gesamtdekontaminations-
faktor wie Tab. 4 zeigt.

Tabelle 4. *Beeinflussung des Dekontaminationsfaktors durch die Gegenwart von Komplexbildnern (nach Krawczynski (50))*

Additiv	D.-F. mit Kompl.-Bildn. / D.-F. ohne Kompl.-Bildn.		als Funkt. d. Konz.
	100 mg/l	500 mg/l	1000 mg/l
EDTA	0,165	0,165	0,0614
Weinsäure	0,77	0,336	0,336
Citronensäure	0,618	0,028	0,028
Oxalsäure	1,12	—	3,9

8. *Fällungsschlamm-Abtrennung*

Die nach der Fällung in Eindickern und dgl. erhaltenen Schlämme enthalten meist nur ca. 3% Feststoff. Für die Endlagerung ist daher eine
weitere Konzentrierung erwünscht. Insbesondere gilt dies für die Phos-
phat- und Sulfidschlämme, die so stark hydratisiert und locker sind, daß
meist weder Filtration noch Zentrifugieren zum Ziele führt. Die Filterkuchen enthalten immer noch etwa 84% Wasser (*20*).

Diese ungünstige Schlammstruktur läßt sich durch langsames Einfrie-
ren (−2 °C), Wiederauftauen und vorsichtiges Filtrieren erheblich ver-
bessern. Nach *Burns* (*20*) beruht der Effekt auf der Elektrolytkon-
zentrierung um die kolloidalen Schlammteilchen beim Gefrieren, die zur
Koagulation führt. Das Frierverfahren steigert allerdings die Behand-
lungskosten erheblich und ist nur dort zu empfehlen, wo die Lagermöglichkeiten sehr begrenzt oder besonders kostspielig sind.

Für im Wasser suspendierte, schlecht absetzende radioaktive Niederschläge scheint ein Flockungsverfahren aussichtsreich, das an Stelle *anorganischer* Koagulationsmittel kolloidale, *organische* Hochpolymere verwendet. Diese Makromoleküle sind elektrisch geladen und koagulieren
die entgegengesetzt geladenen Schwebstoffe. PURIFLOC C-31® der
DOW Comp. soll in Mengen von nur 9 kg/t Trockenschlamm der Flok-
kungswirkung von 135 kg $FeCl_3$ äquivalent sein. Diese Art von Koagu-
lationsmitteln führt außerdem nicht zu Korrosionsschäden, im Gegensatz
zu Eisen(III)-Salzen. Auf radioaktive Suspensionen ist das Verfahren
offenbar bisher noch nicht angewendet worden.

Eine neuere Variante der Fällungsschlamm-Abtrennung ist die Anwendung der *Flotation* (*10*). Sie wurde vorerst nur im Versuchsmaßstab in Verbindung mit einer $CaCO_3$-Fällung betrieben. Dabei erreichte der Dekontaminationsfaktor für Sr-90 Werte bis zu 8500. Der Dekontaminationsfaktor für Cs-137 ist dabei vernachlässigbar gering, kann aber bis 10 gesteigert werden, wenn dem zu flotierenden Medium wieder eine ionenaustauschende Ton-Suspension (Grundite clay) zugesetzt wird. Unter den bisher geprüften Sammlern und Schäumern zeigte das Dodecylbenzolsulfonat die beste Eignung. Orientierende Versuche ergaben, daß auch beim Kalkseifen-Verfahren (B. II. b) 6.) die Flotation erfolgversprechend ist.

Im Laboratoriumsmaßstab hat *Starke* (*72*) den Einfluß eines Magnetfeldes auf die Abtrennung untersucht, wenn in der Lösung okkludierte ferromagnetische Partikel vorhanden waren (z. B. γ-Fe_2O_3).

c) Ionenaustausch und Adsorption

Zwischen Ionenaustausch und Adsorption ist bei den Entaktivierungs-Verfahren keine scharfe Grenze zu ziehen.

1. *Anorganische Austauscher*

Sie haben den Vorzug einer im Vergleich zu organischen Austauschern sehr hohen Strahlenfestigkeit. Natürliche Ionenaustauscher sind zudem sehr wohlfeil.

Tone: Unter den Tonsubstanzen zeigt der Montmorillonit ebenso wie der ihm sehr ähnliche Illit besonders hohe Austauschkapazitäten (bis zu 1 val/kg) (*20*). Ihnen ist es auch zu verdanken, daß man noch heute große Aktivitätsmengen einfach in den Boden versickern lassen kann (*28, 30, 62*). Der Boden stellt dann einen dreidimensionalen Austauscher dar; sein Austauschvolumen steigt theoretisch mit der 3. Potenz des Abstandes von der Einleitungsstelle bei kugelsymmetrischer Ausbreitung, mit der 2. Potenz bei Zylindersymmetrie.

In praxi kommen als modifizierende Parameter hinzu: Strömungsrichtung des Grundwassers, Ungleichmäßigkeiten der Zusammensetzung, Körnung und Lagerung und damit der Permeabilität. Die Bodenversickerung stellt eine Abwasserbehandlung in einem offenen, anorganischen Ionenaustauscher-System dar; da dieses stetig in das freie Grundwasser übergeht, ist eine besonders sorgfältige Überwachung der Umgebung unerläßlich.

In geschlossenen Anlagen stehen der guten Austauschkapazität der Tone als Nachteil eine schlechte Sedimentierbarkeit und Filtrierbarkeit gegenüber. Ihre Peptisierbarkeit im alkalischen Bereich ist bekannt. Durch Kornvergröberung läßt sich eine gewisse Abhilfe schaffen (8).

Glimmer: Vermiculit ist eine Mg- oder Ca/Mg-Abwandlung des Glimmers von der nach a, b und c variablen Zusammensetzung

$$(H_2O)_a \cdot (Mg, Ca)_b \cdot (Al, Fe, Mg)c \cdot (Si, Al, Fe)_4 O_{10}(OH)_2$$

Er hat eine Kationen-Austauschkapazität von fast 1,5 val/kg in reiner und von 0,55 bis 0,75 val/kg in roher Form (20). Cs^+ und Sr^{2+} werden selbst in Gegenwart von überschüssigem Na^+ selektiv gebunden. Dabei reagiert expandierter Vermiculit wesentlich rascher als unbehandelter. Bis zum Durchbruchswert (ebenso gut oder besser als der organischer Austauscher) werden Dekontaminationsfaktoren bis zu 10^4 erzielt, bei Durchflußraten von 80 cm/h und nur 15 cm Schichthöhe. Die Tab. 5 gibt die mit Vermiculit in Harwell erreichten Entaktivierungswerte wieder.

Tabelle 5. *Entfernung von* α- *und* β-*Strahlern mit und ohne Vermiculit-Nachbehandlung (nach Burns (20))*

Behandlung	Entfern. v. α-Strahlern [%]			Entfern. v. β-Strahlern [%]		
	min.	max.	Durchschn.	min.	max.	Durchschn.
Phosph.-Fällg. m. anschl. Sulfid-Fällg.	99,47	99,92	99,65	86,58	94,54	90,89
Ebenso, anschl. Passage v. Vermiculit-Kolonnen	99,83	100	99,95	99,17	99,67	99,36

Die β-Restaktivität besteht hauptsächlich aus anionischen und nicht-ionogenen Radionukliden, vornehmlich Ruthenium. *Bovard* (16) konnte in Laboratoriumsexperimenten zeigen, daß mit steigendem pH die Bindung von Sr^{2+}, Cs^+ und Ba^{2+} an Glimmern erheblich zunimmt. Er weist allerdings auch darauf hin, daß wegen der relativ starken Wandeffekte die Ergebnisse nicht ohne Vorbehalt auf technische Dimensionen übertragen werden dürfen.

An zeolithisch umgewandeltem *Bims* und basaltischen *Tuffen* stellte *Berak* (12) eine starke Cs^+-Bindung fest, an anderen Tuffen eine ausgeprägte Sr-Affinität.

Levi (51) hat zur Cs^+-Bindung den *Filtrolith* eingeführt, ein natürliches Material mit relativ hohem Montmorillonit-Anteil.

L. v. Erichsen

Synthetische Austauscher: Eine Zwischenstellung zwischen Ionenaustausch, Fällung und Adsorption nehmen anorganische Substanzen ein, die neuerdings erprobt wurden. Ihre Wirkung beruht offenbar darauf, daß sie selbst schon sehr schwer löslich sind, daß aber das Löslichkeitsprodukt der entspr. Radionuklid-Verbindungen noch wesentlich geringer ist.

So entfernt z. B. ein festes Sinterprodukt aus $BaSO_4 + CaSO_4$ trägerfreies Sr^{2+}-90 von 10^{-5} auf 10^{-10} c/l (*12*). Ähnliche Effekte hat *El-Guebeily* (*28*) für Ru an natürlichem *Hämatit* und für Sr an *Phosphorit* gefunden. Auch hier ist das Bindungsvermögen pH-abhängig.

Auf die vorzüglichen Eigenschaften *synthetischer anorganischer* Ionenaustauscher hat wohl *Kraus* (*48*) zuerst hingewiesen.

Zirkonoxidhydrat nicht näher definierter Zusammensetzung vermag nicht nur große Ionenmengen (bis 2 val/kg) zu binden; es bildet außerdem mit mehrwertigen Anionen (Phosphaten, Chromaten, Sulfaten, Arseniten und Arsenaten, Molybdaten, Wolframaten usw.) neue anorganische, hochpolymere Austauscher hoher Kapazität und pH-abhängiger Selektivität. Cs^+ wird von ihnen selbst aus stark HNO_3- und Al^{3+}-haltigen Lösungen (Reprocessing-Abwässer) fest gebunden (*2*). Für andere Spaltprodukte und U wurde das von *Gal* (*33*) bestätigt.

Eine ebenso gute Selektivität für Cs^+ fand *Baetsle* (*6*) auch am *Zirkonphosphat*, dem bei angegebenen Darstellungsbedingungen die Struktur

$$
\left[
\begin{array}{cccc}
OPO_3H_2 & OPO_3H_2 & OH & O \\
| & | & | & \| \\
—\,Zr—O—\,Zr—O—\,Zr—O—\,P—O— \\
|\nwarrow H_2O & |\nwarrow H_2O & | & | \\
OH & OPO_3H_2 & OPO_3H_2 & OH
\end{array}
\right]
$$

bei einer Gesamt-Austauschkapazität von 4,5 val/kg bei pH 7 zugeschrieben wird. Aus der Austauschkolonne kann mit einem einzigen Säulenvolumen an 0,2n HNO_3 90 % des gebundenen Cs-137 in reiner Form wiedergewonnen werden.

Ein anderer Austauschertyp, *Fe-cyanomolybdat*, stammt ebenfalls von *Baetsle* (*6*). Er wird durch Umsetzung von $K_4Fe(CN)_6$ mit $(NH_4)_6Mo_7O_{24}$ in saurer Lösung ausgefällt. Beachtenswert ist hier die beträchtliche Kapazität für Cs^+, Sr^{2+} und Seltene Erden in saurer Lösung.

Ferner wurden von *Baetsle* (*6*) für Sr-90 Dekontaminationsfaktoren bis zu 10^3 durch Ionenaustausch an *Polyantimonsäure* erreicht.

Durch Erhitzen im HCl/Cl_2-Strom können die beiden vorgenannten Ionenaustauscher verflüchtigt und fast reines Cs-137 bzw. Sr-90 als Rückstand gewonnen werden.

Smit (*71*) hat auf die Eignung des *AMP* $((NH_4)_3PMo_{12}O_{40})$ hingewiesen; es besitzt für Cs^+ selbst in recht konz. HNO_3-Lösung eine Austauschkapazität, die ebenso gut ist wie die organischer Austauschharze und wesentlich besser als die natürlicher Zeolithe. Auch die Durchbruchskapazität ist erheblich höher. Das fixierte Cs-137 läßt sich gewinnen, indem das AMP in verd. Alkali aufgelöst wird. Ein gewisser Nachteil des AMP sind die nicht ganz zu vernachlässigende Wasserlöslichkeit und die allmähliche Peptisierung in reinem, NH_4^+-freiem Wasser. Ferner ist AMP als Kolonnenfüllung kaum wasserdurchlässig, so daß seine Ausfällung auf Faserasbest empfohlen wird.

Eine interessante Variante der Spaltproduktenbindung durch Ionenaustausch ist dadurch gekennzeichnet, daß man anorganische, austauschfähige Verbindungen durch Ausfällung innerhalb des Bodens herstellt (*1, 5*). Bisher wurden Versuche mit $Ca^{2+} + PO_4^{3-}$ sowie mit Zr-Phosphat unternommen. Sandböden werden wegen ihrer günstigen Körnungsverhältnisse als Trägersubstrat bevorzugt.

2. *Organische Austauscher*

Huminsäure-haltige Austauscher: *De Jonghe* (*25*) hat die gute Entaktivierung radioaktiver Abwässer mittels *Braunkohle* nachgewiesen. Säulenperkolation, Filtrieren oder Zentrifugieren von Braunkohlen-Aktivwasser-Suspensionen entfernen im pH-Bereich 3 bis 9 bis zu 98% der Aktivität (*4*). Nachteilig sind das hohe spezifische Volumen, die stark wechselnden, chemischen Eigenschaften sowie beim Regenerieren die starke Schlammbildung.

Der chemisch ähnliche *Torf* (*78*) läßt durch nachträgliches Verbrennen besonders gute Konzentrierungsfaktoren zu. Aus den zahlreichen Daten sind zu erwähnen: Oberhalb pH 3 werden Ce-144 (pH 4: 0,5 val/kg; pH 6: 1 val/kg), Sr-90 (pH 6: 0,5 val/kg; pH 7: >1 val/kg) und Cs-137 (pH 6: 0,3 val/kg; pH 7: 0,5 val/kg) ausgetauscht. In Gegenwart anderer 1-, 2- oder 3-wertiger Ionen geht die Durchbruchs-Kapazität allerdings stark zurück. Für Abwässer größerer Gesamtionen-Konzentrationen ist die Anwendbarkeit daher fraglich.

Ausgezeichnet soll die Retention von Zr (als $ZrOOH^+$) und von Nitratonitrosylruthenium-Komplexen (*81*) sein, die in kolloidaler Form im pH-Bereich 2,5 bis 6,0 vorliegen, in den auch der isoelektrische Punkt der meisten Torfe fällt.

In einer systematischen Untersuchung ermittelte *Szalay* (*73*) die Affinität zahlreicher Spaltprodukte zu den Huminsäuren des Torfes. Folgende Radioelemente, nach steigender Massenzahl geordnet, werden gut bis sehr gut fixiert:
Zn, Ga, Ge; Rb, Sr, Y, Zr; Pd, Ag, Cd, In, Sn; Cs, Ba; Seltene Erden; Uran.

C. Behandlung radioaktiver Konzentrate

I. Verfestigung

Mit Hilfe der im Abschn. B behandelten Methoden werden Konzentrate erzeugt, deren spezifische Aktivität um mehrere Größenordnungen höher als im ursprünglichen Abwasser ist. Die Konzentrate sind noch flüssig oder doch stark wasserhaltig, zumindest zerfließlich und besitzen oft eine beträchtliche chemische und strahlenchemische Aggressivität (*10*). Ihre Verfestigung wird immer mehr zur zwingenden Notwendigkeit, um eine wirklich sichere Endlagerung zu gewährleisten.

a) Hydraulische Bindung

Als hydraulisches Bindemittel hat sich nur *Zement* als geeignet erwiesen. Eine derzeit übliche Ausführung der Fällungsschlamm-Zement-Bindung in Kombination mit einem Fällungsverfahren zeigt schematisch die

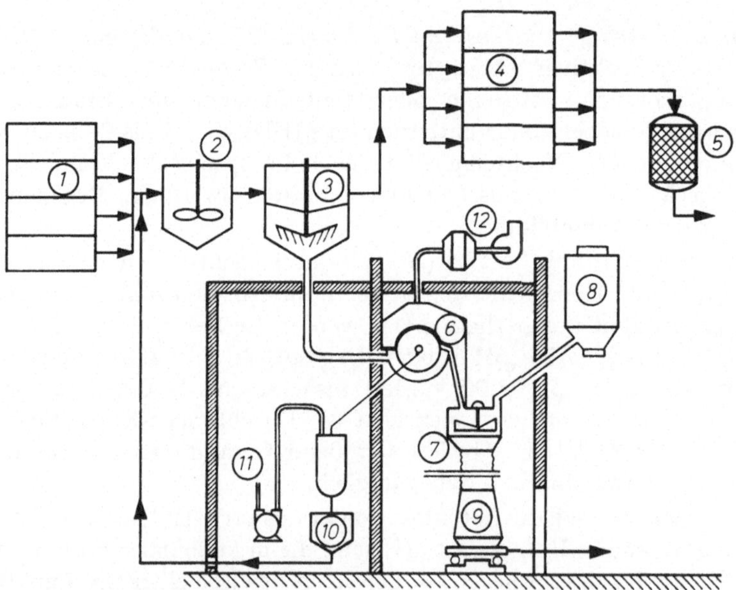

Abb. 2. Schema einer Anlage zur Fällung und Zementverfestigung des Konzentrats in Saclay (nach *Cerré (22)*)

1: Speicherbassins; 2: Neutralisation und Fällung; 3: Dekantation; 4: Kontroll-Speicherbecken; 5: Ablauf-Klärfilter; 6: Schlammfilter; 7: Schlamm-Zement-Mischer; 8: Zementsilo; 9: Rütteltisch mit zu füllendem Behälter; 10: Filtrat-Rückführung; 11: Vakuum; 12: Unterdruck-Gebläse für den Abschirmbereich.

Abb. 2. Aus dem Dauerbetrieb entspr. Anlagen haben sich in den letzten Jahren folgende Notwendigkeiten ergeben:

Das pH des Konzentrates soll über 7 liegen;

Frosttemperaturen sind auszuschließen, da sonst der Beton nicht bindet oder nachträglich gesprengt wird;

Die Metallteile sollen aus Edelstahl bestehen;

Nur Polypropylen-Gewebe hat eine ausreichende Beständigkeit gegen Konzentrate (Standzeit über 1 Jahr);

Automatisierung und Fernbedienung sind zu empfehlen (68).

Im dargestellten Beispiel liefern 32 m³ Abwasser einen Filterkuchen mit 0,5 bis 3,5 c gemischter Strahler. Das Mischungsverhältnis Konzentrat: Zement ist (60—65) : (40—35). Daraus resultiert ein Betonblock von ca. 1 t Gewicht. Diese Parameter liefern unter Berücksichtigung der Selbstabsorption eine Oberflächen-Dosisleistung von 0,5 bis 20 mrem/h. Die Rest-Strahlenenergie wird in Wärme verwandelt. Diese Wärmeleistung ist durch Form, Abmessungen, Wärmeabfuhr und Aktivitätsbegrenzung so zu kompensieren, daß sich der Block keinesfalls bis zum Entweichen des Hydratwassers erhitzt (s. Tab. 8, S. 316).

b) Trocknen, Kalzinieren und Sintern

Beim Eindampfen von heißen Abwässern und bei Schlamm-Konzentraten gibt es *ceteris paribus* ein kritisches Verhältnis von Volumen: Oberfläche; oberhalb davon geht durch Selbsterhitzung ohne äußere Wärmezufuhr die Konzentrierung unter Wasserabgabe immer rascher weiter. Nach dem Verdampfen des Restwassers setzt die Kalzinierung ein, gefolgt vom Sintern, Schmelzen und eventuell sogar Verdampfen (vgl. Tab. 6). Sehr eingehende Berechnungsunterlagen über die Temperaturverteilung als Funktion der spezif. Aktivität, Strahlungsart, Geometrie und Dimensionen findet man bei *Kotewale* (47).

Tabelle 6. *Selbstüberhitzung von Spaltprodukt-Schmelzen (nach Kliefoth (44)) Wärmeleitz.* $\lambda = 1,1$ *kcal/m · h · °C f. Schmelze u. Umgeb.; spez. Wärme C = 0,2 kcal/kg · °C*

Spez. Aktivität [c/l]	Zyl.- ⌀ [cm]	Selbstüberhitzungstemperatur [°C] bei einem Spaltprodukt-Alter von			
		75 d	180 d	1 a	3 a
30 000	100	15 910	6 670	2 580	490
	8	490	206	78	15
	4	229	96	38	9
1 200	100	640	270	103	20
	10	9	4	1	—
10	100	5	2	—	—
	30	1	1	—	—

L. v. Erichsen

Die gebräuchlichen Brennelementhülsen aus Aluminium oder Zirko-
nium bzw. ihren Legierungen bedingen hohe $Al(NO_3)_3$- bzw. ZrF_4-Gehalte
in den heißen Abwässern der Reprocessing-Anlagen. Die dadurch entstehenden Verfahrens- und Korrosionsprobleme erfordern unkomplizierte
und rasch ablaufende Verfahren: *Sprühtrocknung, Wirbelbett (fluidized
bed)* und *Drehrohröfen* stehen hier an erster Stelle.

Beim Erhitzen entweichen nitrose Gase und Wasserdampf, während die
Spaltprodukte durch das Al_2O_3 bzw. ZrO_2 fixiert werden. Der hohe
Staubanteil im Abgas erfordert eine Absolutreinigung durch Zyklone,
Venturi-Abscheider, Silica-Gel und Hochleistungsendfilter. Das charak-
teristische Schema einer Sprüh-Kalzinierung findet man bei *Belter (10)*.
Das Endgas enthält weniger als 0,04 % (Sr-90) bzw. 2 % (Ru-106) der
M.Z.K. für Luft. In Hanford wird das Kalzinat direkt in einem beheizten
Topf aufgefangen und darin bei 800—1200 °C gesintert.

Domish (27) stellt das Drehrohrofen-Verfahren als Ein- bzw. Zweistufen-
Verfahren zum Vergleich: Beim 1-Stufen-Verfahren fallen zwangsläufig
Gemische von HNO_3—HF-Dampf an, mit entsprechenden Korrosions-
angriffen; im 2-Stufen-Verfahren liefert der erste Ofen bei 325 °C nur
H_2O-Dampf, Stickoxide und Al_2O_3 + Spaltprodukte, der zweite bei
700 °C HF und ZrO_2. Beide Säuren werden getrennt aufgefangen und
wieder verwendet.

Bei den genannten Verfahren liegen die Alkali- und Erdalkali-Spalt-
produkte in den kalzinierten Oxiden als O- bzw. F-Verbindungen vor.
Wird das Trockenpulver nicht nachträglich mit Flußmitteln verglast
(vgl. C.1.c)), so wird vor der Endlagerung als Sicherheitsmaßnahme das
Auslaugen von Sr-89/90 und Cs-137 angeraten.

Spaltprodukt-Verflüchtigung: Bei allen Kalzinierungsverfahren kann
die Verflüchtigung des Ru als RuO_4 sehr störend werden, insbesondere
bei stark oxydierenden, hohen HNO_3-Gehalten. Die entsprechenden Daten für den Betrieb eines Wirbelbett-Kalzinators zeigt die Tab. 7.

Tabelle 7. *Ru-Verflüchtigung als Funktion der Kalzinierungs-Temperatur
(nach Loeding (53))*

Temperatur [°C]	Ruthenium-Gehalt (% der Ausgangsmenge) Kalzin.		
	Kondensat	Trock.-Rückst.	Verluste
350	84	11	5
400	65	15	20
450	35	12	53
500	3	78	19
520	1	73	26
550	0,4	—	—

312

Man versucht, die Verflüchtigung durch *reduzierende* Prozeßführung, etwa durch Einleiten von CO in den Reaktionsraum zu vermeiden. *Ceteris paribus* wird mit CO bei 400 °C nur 1 % des Ru im neutralen Kondensat gefunden, gegenüber 43 % im 3,9 n-HNO_3-sauren Kondensat ohne CO (*53*). Neutralität und niedrigere Arbeitstemperaturen vermindern zugleich die Korrosion. In anderen Anlagen nimmt man die Verflüchtigung in Kauf und scheidet nachher in Fe_2O_3-Filtern das Ru aus den Abgasen aus (vgl. a. (*28*)).

Das Kalzinieren führt bei weiterer Temperatursteigerung zum Sintern. Ein Sinterprodukt ist für die Endlagerung ohnehin geeigneter als ein Pulver. Bei den hohen Temperaturen ist jedoch mit der Verflüchtigung zusätzlicher Spaltprodukte zu rechnen, insbesondere bei stark Al_2O_3-haltigem Material mit hohem Erweichungspunkt. Auch die Selbsterhitzung macht sich hier wegen der niedrigeren Wärmeleitzahlen des porösen Sintermaterials stärker geltend (*47*).

Bis 1000 °C fand *Loeding* (*53*) nur Ru-Verflüchtigung. Bei 1200 °C gehen aus pulvrigem oder angesintertem Material mit hohem Al_2O_3-Gehalt rund 85 % der γ-Aktivität verloren, darunter das gesamte Cs-137. Die Annahme, daß dabei das Cs_2O in O_2 und verdampfendes Cs-Metall zerfällt, ist noch nicht bestätigt worden. Oberhalb 1200 °C beginnen auch Nb und Zr zu sublimieren. Versuche, diese Bildung höchstaktiver Aerosole durch Flußmittelzusätze zu unterbinden, waren bisher erfolglos.

c) Anorganische Schmelzen

Als aussichtsreichste und sicherste Methode der endgültigen Verfestigung hochaktiver Konzentrate wird derzeit die Überführung in den *Glaszustand* angesehen (*20, 42, 45, 46, 76*). Geeignete Glasmischungen sollen folgende Kriterien erfüllen:

Niedrige Schmelztemperatur und damit geringe Spaltprodukt-Verflüchtigung;

Geringe Tiegelkorrosion durch die Schmelze;

Niedrige Wärmespannungen und gute Wärmeleitung des Glases;

Hohe Auslaugungsbeständigkeit des Glases;

Geringe Strahlenempfindlichkeit des Glases.

Der ursprünglich als Grundschmelze verwendete *Nephelinsyenit* (*76*) zeigt selbst bei 1350 °C zu hohe Viscosität und Blasenbildung, um befriedigende Resultate zu geben. Durch stark salpetersaure Spaltprodukt-Lösungen aber läßt sich das Nephelin-Pulver in den Gel-Zustand überführen, ist dann leicht zu entwässern und nach CaO-Zusatz auch gut niederzuschmelzen.

L. v. Erichsen

Klik (*45*) hält *Schmelzbasalt* für das geeignetste Grundglas, da es mit
Spaltprodukten Mischschmelzen besonders geringer Auslaugbarkeit
liefert.

Von englischer Seite werden *Borsilicat-* und *Phosphatglas*-Schmelzen
bevorzugt (*20, 42*). Sie sintern bei 500 bis 750 °C, werden bei 950 bis
1100 °C als Schmelze verarbeitet und besitzen bei geeigneter Zusammensetzung (*42*) Auslaugungsfaktoren von $F_a = 10^5$ bis 10^6.

$$F_a = \frac{\text{Probenaktivität}}{\text{je Woche ausgelaugte Akt.}} \cdot \text{spez. Oberfläche}$$

Faugeras (*32*) hält *Natronsilicat*-Gläser für besonders geeignet (geringe
Korrosion, guter Fluß, Wasserbeständigkeit). Aus den von ihm empfoh-
lenen Beispielen

	SiO_2	Al_2O_3	Na_2O	K_2O	Fe_2O_3	B_2O_3	CaO	MgO	Sonst.	Viscos. (1000 °C)
(a)	63,5	4,5	15	0,8	0,7	4,6	0,8	—	0,1	800 pois.
(b)	60,6	4,7	15,1	0,1	8	6	—	5,5	—	1070 pois.

gehört (a) zu Abwasser vom Reprocessing mit reinem Al-Canning,
(b) gilt für Al/Mg-Brennelementhülsen.

Zu weniger befriedigenden Ergebnissen sind russische Autoren ge-
kommen (*14*). Sie beobachteten vor allem Oberflächenveränderungen
(Risse, Abblättern) an der abgekühlten Glasschmelze, die durch Reaktion mit der feuchten Atmosphäre hervorgerufen werden. Die Schäden
verschwinden, wenn durch Selbsterhitzung die dafür verantwortlich gemachten Strahlenschäden austempern.

Zur Verglasung von Spaltprodukt-Konzentraten mit besonders hohem
Al-Gehalt scheinen Schmelzen vom *Porzellanglasur*-Typ speziell geeignet zu sein (*35*). Sie stellen ein $CaO-Al_2O_3-SiO_2$-System dar, modi-
fiziert durch Alkali- oder Erdalkalizusätze und Flußmittel (z. B. B_2O_3).
Diese Glasurschmelzen haben zwar einen besonders hohen Schmelz-
bereich, sind aber überaus resistent gegen Wasser, Salzlösungen, Laugen
und Säuren, außerdem mechanisch fest und hart. Diese für den vorliegenden Zweck vorteilhaften Eigenschaften werden durch den Einbau nicht
zu hoher Spaltprodukt-Anteile nicht merklich beeinträchtigt. Bei den
hohen Schmelztemperaturen nimmt die Cs-Verflüchtigung mit dem B_2O_3-
Gehalt zu und sinkt mit steigendem Al_2O_3-Gehalt.

314

d) *Sonstige Bindemittel*

Als Binde- und Einbettungsmittel für wässerige Spaltprodukt-Konzentrate findet neuerdings *Bitumen* steigendes Interesse. *Wormser (80)* empfiehlt nur Destillatbitumen, das nicht zur Emulsionsbildung neigt. Von anderer Seite werden dagegen Asphaltemulsionen bevorzugt. In beiden Fällen erzeugt man in einer ersten Stufe eine Emulsion aus Konzentrat und Bitumen (erforderlichenfalls mit Zusatz von Netzmitteln); in einem zweiten Schritt wird durch Aufheizen (130—140 °C) die Emulsion gebrochen und unter guter Homogenisierung der Wasseranteil verdampft. Die erstarrten Bitumen-Formkörper sind gegen Grund- und Meerwasser sehr auslaugungsbeständig (ca. 10^{-6} g/cm² · Tag *(75)*). Detaillierte Verfahrensvarianten finden sich bei *De Jonghe (26)*, bei *Rodier (69)* und bei *Van de Voorde (75)*.

Die Bitumenverfestigung ist auf mäßige Aktivitäten begrenzt: Selbsterhitzung führt rasch zum Erweichen; Bitumen ist als organische Substanz nur bis zu einer absorbierten Strahlendosis von 10^9 rad beständig *(75, 80)*, ohne unter Gasbildung zersetzt und brüchig zu werden.

Schwefel wurde als inertes Verfestigungsmittel von *Winsche (79)* vorgeschlagen und untersucht. Vorteilhaft sind Lage und Abstand von Schmelz- und Siedepunkt. Sie ermöglichen es, bei 150 °C das Wasser und flüchtige Säuren aus der Mischung zu verdampfen und durch anschließendes Aufheizen bis 400 °C die eingebetteten Salze zu kalzinieren. Über Störungen durch Oxydation des Schwefels wurde noch nicht berichtet. Messungen ergaben ein Abtragungs-Äquivalent von 0,25 bis 0,50 mm/Jahr . Die Sicherheit gegen das besonders gefürchtete Auslaugungsrisiko ist demnach nicht übermäßig groß.

e) Vergleich der Verfestigungs-Verfahren

Alle diskutierten Verfestigungsverfahren haben physikalisch-chemische und betriebstechnische Vor- und Nachteile (s. Tab. 8). Die Besonderheiten des Einzelfalls bleiben für die Auswahl entscheidend.

D. Anwendung der Verfahren auf verschiedenartige Abwässer

Da radioaktive Abwässer qualitativ und quantitativ sehr unterschiedlich sein können, gibt es kein festes Schema für die Auswahl der jeweils geeignetsten Verfahren. Dem Charakter allgemeiner Abwässer überlagert sich hier noch die Gegenwart der nach Art, Zahl und Konzentra-

Tabelle 8. *Charakteristika der Verfestigungs-Verfahren für Spaltprodukt-haltige Konzentrate (nach Zimakov (83))*

	Metalloxide getrockn. b. 200—250°C	Metalloxide kalzin. bei 500—700°C	Geglühte Tone	Zement-Blöcke	Nieder-geschmolz. Salze	Gläser
Verfahrensschwierigkeiten	starkes Stäuben	Stäuben	begrenzte Kapazität	begrenzte Kapazität; gründliches Mischen	Werkstoff-schwierigk. durch Korrosion	Hohe Temp.; Aktivitäts-verflüchtigung
Konzentrierungs-Faktor	100	100	50	Volumen-vergrößerung	50—70	350
Gasabgabe durch Radiolyse bei der Lagerung	ja	nein	nein	ja	ja	nein
Wärmebeständigkeit	>1000°C	>1000°C	~900°C	<100°C	~300°C	bis >1200°C
Wärmeleitfähigkeit kcal/m · h · °C	0,05	0,03	0,05	—	1	2
H_2O-auslaugbar	stark	merklich	gering	gering	löslich	sehr gering

tion so verschiedenen Radionuklide. Die Wahl adäquater Methoden wird erleichtert durch Übersichten von *Belter (11)*, *Robien (68)*, *Wormser (80)* u. a., auf die hier nicht eingegangen werden kann.

E. Endlagerung

Die Frage der Endlagerung ist von den Entaktivierungsverfahren nicht zu trennen, da beide einander entscheidend beeinflussen.

I. Tanklagerung

Das Einlagern höchstaktiver Abwässer in sorgfältig überwachte und abgeschirmte Tankanlagen kann als nahezu überholt betrachtet werden. Mit exponentiell steigendem Spaltproduktanfall (vgl. Tab. 1 u. 2) werden die Lagermöglichkeiten unzureichend und das Leckrisiko zu groß. Die „Halbwertszeit" der Behälter ist wesentlich geringer als die notwendige Speicherzeit der eingelagerten Spaltprodukt-Lösungen *(10)*.

II. Bodeneinlagerung

Eine Form der Endlagerung ist das Versickernlassen der Abwässer in geeignete Böden *(28, 32, 60)*. Darauf wurde bereits unter B. II. c) 1. eingegangen.

Verfestigte Konzentrate lassen sich dort sicher lagern, wo das Elutionsrisiko minimal ist *(59, 60)*. Geeignet sind Wüsten *(29)*, wo die Verdunstungsrate wesentlich höher als die Niederschlagsrate sein muß. Nur so läßt es sich vermeiden, daß Oberflächenwasser und Grundwasser in kapillaren Kontakt kommen. Eine einmal geschlossene Kapillarverbindung ist praktisch irreversibel *(19)* und würde zur Bildung radioaktiver Salzböden führen.

III. Einlagerung in geologischen Formationen und Lagerstätten

a) Salzlagerstätten

Großversuche, heiße Konzentrate in den fast ubiquitär vorkommenden Salzlagerstätten einzulagern, haben zu starken Einschränkungen hinsichtlich der spezif. Aktivität der Konzentrate geführt *(66)*.

Vorteilhaft ist die relativ gute Wärmeleitzahl des Steinsalzes (0 °C: $\lambda = 0,0146$ cal/cm · sec · °C; 100 °C: $\lambda = 0,0105$); ferner führt die beberkenswert hohe Plastizität zum baldigen Ausheilen von Sprüngen und Brüchen *(61)*. Das gilt aber nur für weitgehend homogene Salzdome, nicht für flache, geschichtete Vorkommen *(66)*.

Bei stärkerer Selbsterhitzung der Konzentrate (vgl. Tab. 6) treten folgende nachteilige Effekte auf. Verdampfendes Wasser kondensiert an der Kavernendecke und löst dort Salze heraus, die unten wieder auskristallisieren. Dadurch wird eine stetige Kavernenwanderung nach oben verursacht (44, 61). Auch die Einschränkung, nur wasserfreie Konzentrate (vgl. C.I.b—d)) einzulagern, beseitigt diesen Vorgang nicht völlig. Weiterhin beobachteten *Bradshaw* (17) und *Belter* (10) mit heißen Konzentraten eine merkliche Drucksteigerung in den Versuchskavernen durch radiolytische Feuchtigkeitszersetzung zu Knallgas, ferner Chlor-Bildung und erhöhte Plastizität des Salzes unter Druck und Wärme.

b) Kristalline Urgesteine

Im Hinblick auf die unter E.I.—III. gemachten Vorbehalte sieht man nunmehr kristalline Urgesteine als sicherstes Milieu für die Endlagerung der künftig anfallenden heißen Konzentrate an (10). Eingehende Untersuchungen an bergmännisch geschaffenen Tunneln und Kavernen ergaben eine sehr hohe Resistenz gegen stark saure oder alkalische Konzentrate, ausreichende Wärmeableitung, hohe Strahlenfestigkeit und eine zu vernachlässigende Durchlässigkeit für Wasser und Gase.

Belter (10) u. a. sehen darin die sicherste, kostenmäßig günstigste, raummäßig unbegrenzte und damit aussichtsreichste Methode der künftigen Endlagerung hochaktiver Konzentrate. Vor allem würden diese jederzeit wieder zugänglich sein, sobald sie nicht mehr als *Atommüll*, sondern nach Entwicklung brauchbarer Aufarbeitungsverfahren als *Rohstoff* angesehen werden können (30).

Der Deutschen Forschungsgemeinschaft und dem Fonds der Chemischen Industrie danke ich für die Förderung dieser Arbeit.

Literatur

Im nachstehenden Verzeichnis bedeuten:

Proc. Geneva Conf. *1958:* Proceedings of the Second United Nations International Conference on the Peaceful Uses of Atomic Energy, Geneva 1958. United Nations, Genf 1958.

Proc. Monaco Conf. *1959:* Proceedings of the Scientific Conference on the Disposal of Radioactive Wastes (IAEA, UNESCO, FAO), Held at Monaco, 16—21 Nov., 1959. IAEA, Wien 1960.

Proc. Vienna Symp. *1962:* Treatment and Storage of High-Level Radioactive Wastes. Proceedings of a Symposium Held in Vienna, 8—12 Oct. 1962. IAEA, Wien 1963.

Proc. Geneva Conf. *1964:* Proceedings of the Third International Conference on the Peaceful Uses of Atomic Energy, Geneva 1964. United Nations, New York 1965.

Proc. Vienna Symp. *1965:* Practices in the Treatment of Low- and Intermediate-Level Radioactive Wastes; Proceedings of a Symposium Held in Vienna, 6—10 Dec., 1965. IAEA, Wien 1966.

1. *Ames jr., L. L., J. R. McHendry,* and *J. F. Honstead:* The Removal of Strontium from Wastes by a Calcite-Phosphate Mechanism. Proc. Geneva Conf. *18,* 76—81 (1958).
2. *Amphlett, C. B.:* Synthetic Inorganic Ion Exchangers and Their Applications in Atomic Energy. Proc. Geneva Conf. *28,* 17—23 (1958).
3. *Auchapt, J.,* et *N. Fernandez:* Décontamination du ruthénium par coprécipitation anionique avec le paraperiodate de plomb dans les liquides d'activité intermédiaire. Proc. Vienna Symp. *1965,* 773—778.
4. *Baetsle, L.:* Study on the Fixation and Migration of Radioactive Cations in a Natural Ion-Exchanger. Proc. Monaco Conf. *1,* 200—212 (1959).
5. — Persönliche Mitteilung.
6. —, and *P. De Jonghe:* Treatment of Highly Active Liquid Wastes by Mineral Ion-Exchanger Separation. Proc. Vienna Symp. *1962,* 553—567.
7. *Baranov, W. I.* et al.: Contamination of Oceans by Long-Lived Radionuclides According to the Result of USSR Investigations. Proc. Geneva Conf. *14,* 72—82 (1964).
8. *Beirne, T., J. R. Grover,* and *J. M. Hutcheon:* Bonded Montmorillonites for the Ultimate Disposal of Long-Lived Fission Products. Harwell Report, AERECE/R 1658 (1955).
9. *Belter, W. G.:* Present and Future Programmes in the Treatment and Ultimate Disposal of High-Level Radioactive Wastes in the United States of America. Proc. Vienna Symp. *1962,* 3—12.
10. — Advances in Radioactive Waste Management Technology: Its Effect on the Future US Nuclear Power Industry. Proc. Geneva Conf. *14,* 285 bis 301 (1964).
11. — US Operational Experience in Radioactive Waste Management (1958—1963). Proc. Geneva Conf. *14,* 302—313 (1964).
12. *Berák, L., Z. Dlouhý, F. Kepák, J. Nápravník, J. Rálková, J. Saidl, L. Scheijbalová, V. Veselý,* and *J. Záruba:* A Review of Research Work on Radioactive Waste Treatment Carried out in the Nuclear Research Institute of the Czechoslovak Academy of Science. Proc. Geneva Conf. *14,* 255—259 (1964).
13. *Bielyayev, W. I., A. G. Kolyesnikov,* and *B. A. Nielepo:* Determination of Intensity of Radioactive Contamination of the Ocean Based on Data Relating to the Exchange Process. Proc. Geneva Conf. *14,* 83—88 (1964).
14. *Bogdanov, N I.* et al.: The Thermic Method of Vitrification of Radioactive Pulps and Safe-Disposal Problem of Vitreous Preparations. Proc. Geneva Conf. *14,* 332—342 (1964).
15. *Bolshakov, K. A., A. T. Avdonin, V. T. Borchev,* and *F. V. Rauzen:* Pilot Plant for Decontaminating Laboratory Liquid Wastes. Proc. Geneva Conf. *28,* 127—132 (1958).
16. *Bovard, P.,* and *C. Candillon:* Disposal of Low-Activity Liquid Effluents by Dilution. Proc. Monaco Conf. *1,* 319—330 (1959).
17. *Bradshaw, R. L., W. J. Boegly jr., F. M. Empson, H. Kubota, F. L. Parker, J. J. Perona,* and *E. G. Struxness:* Ultimate Storage of High-Level Waste Solids and Liquids in Salt Formations. Proc. Vienna Symp. *1962,* 153—175.

L. v. Erichsen

18. *Brezhneva, N. E., V. I. Levin, G. V. Korpusow, N. M. Manko,* and *E. K. Bogachowa:* Isolation of Radioactive Fission Products. Proc. Geneva Conf. *18*, 219—230 (1958).
19. *Buringh, P.:* Soils and Soil Conditions in Iraq, 85 ff. Baghdad 1960.
20. *Burns, R. H.,* and *E. Glueckauf:* Development of a Self-Contained Scheme for Low-Level Wastes. Proc. Geneva Conf. *18*, 150—160 (1958).
21. C.E.A.: The Marcoule Plutonium Production Centre. 45/46.
22. *Cerré, P., E. Mestre* et *J. Bourdrez:* Traitement par coprécipitation des effluents liquides de faible activité au Centre d'études nucléaires de Saclay. Proc. Vienna Symp. *1965*, 303—316.
23. *Clelland, D. W.,* and *A. D. W. Corbet:* The Treatment of Intermediate-Level Radioactive Wastes by Evaporation: The Design and Performance of Evaporation Systems. Proc. Vienna Symp. *1965*, 497—515.
24. *Cowser, K. E., R. J. Morton,* and *E. J. Witkowski:* The Treatment of Large-Volume Low-Level Waste by the Lime-Soda Softening Process. Proc. Geneva Conf. *18*, 161—173 (1958).
25. *De Jonghe, P., L. Baetsle,* and *G. Mosselmans:* Treatment of Radioactive Effluents at the Mol Laboratories. Proc. Geneva Conf. *18*, 68—75 (1958).
26. — —, *N. Van de Voorde, W. Maes, P. Staner, J. Pyck,* and *J. Souffriau:* Asphalt Conditioning and Underground Storage of Concentrates of Medium Activity. Proc. Geneva Conf. *14*, 343—351 (1964).
27. *Domish, R. F., E. J. Tuthill,* and *L. P. Hatch:* Calcination of High-Level Wastes for Ultimate Disposal. Nucleonics *17*, 76—79 (1959).
28. *El-Guebeily, M. A.* et al.: Review of the Studies Undertaken in the UAR for Eventual Ground Disposal of Low Activity Wastes of Strontium, Ruthenium, Cesium and Cerium. Proc. Geneva Conf. *14*, 269—276 (1964).
29. *Erichsen, L. v.:* Die Lagerung radioaktiver Abfallstoffe in ariden Gebieten. Atomkernenergie *4*, 112—115 (1959).
30. — Friedliche Nutzung der Kernenergie. 8, 10—12, 86. Berlin 1962.
31. — Dekontamination radioaktiven Abwassers mittels fettsaurer Salze. Chem.-Ing.-Techn. *39*, 193—198 (1967).
32. *Faugeras, P.,* and *A. Chesne:* The Processing of Irradiated Fuels — Improvement and Extension of the Solvent Process. Proc. Geneva Conf. *1964*, P/65.
33. *Gal, I. J.,* and *O. S. Gal:* The Ion Exchange of Uranium and Some Fission Products on Titanium and Zirconium Phosphates. Proc. Geneva Conf. *28*, 24—30 (1958).
34. *Gerard, F.:* La Chimie. Industries Atomiques 2, 125—132 (1965).
35. *Goldman, M. I., J. A. Servizi, R. S. Daniels, T. H. Y. Tebbut, R. T. Burns,* and *R. A. Lauderdale:* Retention of Fission Products in Ceramic-Glaze-Type Fusions. Proc. Geneva Conf. *18*, 27—32 (1958).
36. *Hiyama, Y., M. Saiki, H. Kamada, T. Koyanagi,* and *Y. Kurosawa:* Hazard Evaluation of Radioactive Contamination of the Sea and Decontamination of Radioactivity in Fresh Water. Proc. Geneva Conf. *14*, 97—106 (1964).
37. *Howells, G. R.:* The Chemical Processing of Irradiated Fuels from Thermal Reactors. In: Process Chemistry, Vol. III. Oxford 1961.
38. *Hydeman, L. M.,* and *W. H. Berman:* Legal and Administrative Problems of Controlling the Disposal of Nuclear Wastes in the Sea. Proc. Monaco Conf. *1*, 563—572 (1959).
39. IAEA: Safe Handling of Radioisotopes. Safety Series No. 1. Wien 1958.

40. — Disposal of Radioactive Wastes into Fresh Water. Safety Series No 10. Wien 1963.

41. *Jaeger, Th.:* Beseitigung radioaktiver Abfallstoffe. Atomkernenergie *3*, 190—196, 273—277 (1958).

42. *Johnson, K. D. B., J. R. Grover,* and *W. H. Hardwick:* Work in the United Kingdom on Fixation of Highly Radioactive Wastes in Glass. Proc. Geneva Conf. *14*, 244—254 (1964).

43. *Keese, H.:* Beiträge zur Dekontamination von radioaktiv verseuchtem Wasser mit Hilfe chemischer Fällungen. Forsch.-Ber. K 65—04 des BMwF. Frankfurt 1965.

44. *Kliefoth, W.:* Zum Problem der Sicherstellung radioaktiver Abfälle. Atomkernenergie 7, 147—154 (1962).

45. *Klik, E., P. Kovanič,* and *L. Berák:* Nuclear Research in Czechoslovakia. Euronuclear *1*, 34—37 (1964).

46. *Kolychev, B. S., P. W. Zimakov* u. *W. W. Kuličenko:* Über die Wärmeentwicklung hochaktiver Konzentrate (orig. Russisch). Proc. Vienna Symp. *1962*, 543—550.

47. *Kotewale, D. A.,* and *A. K. Ganguly:* Temperature Distribution in Radioactive Solid Wastes. Proc. Monaco Conf. *1*, 214—224 (1959).

48. *Kraus, K. A., H. O. Phillips, T. A. Carlson,* and *J. S. Johnson:* Ion Exchange Properties of Hydrous Oxides. Proc. Geneva Conf. *28*, 3—16 (1958).

49. *Krause, H.,* u. *O. Nentwich:* Die Dekontamination der radioaktiven Abwässer des Kernforschungszentrums Karlsruhe in den Jahren 1963 bis 1965. Kerntechnik *8*, 105—110 (1966).

50. *Krawczynski, S.:* Der Einfluß von synthetischen Reinigungsmitteln und Komplexbildnern auf die Dekontamination radioaktiver Abwässer mittels der chemischen Fällungsmethode. Atompraxis *6*, 320—322 (1960).

51. *Levi, H. W.,* and *H. Melzer:* Some Recent Improvements in the Low-Level Liquid Effluent Treatment Process. Proc. Vienna Symp. *1965*, 355—370.

52. *Lieser, K. H.,* u. *A. Fabrikanos:* Radiochemische Untersuchungen über die Teilvorgänge der Bariumsulfatfällung. Z. Physik. Chem., N. F. *22*, 246—277, 278—291, 398—405, 406—416 (1959).

53. *Loeding, J. W., A. A. Jonke, W. A. Rodger, R. P. Larsen, S. Lawroski, E. S. Grimmet, J. I. Stevens,* and *C. E. Stephenson:* Fluidized-Bed Conversion of Fuel-Processing Wastes to Solids for Disposal. Proc. Geneva Conf. *18*, 56—67 (1958).

54. *Manner, E. J.:* Some International Legal Aspects of the Enclosed Seas, Especially the Baltic Sea, With Regard to their Protection Against Pollutive Agents. Proc. Monaco Conf. *1*, 589—603 (1959).

55. *Marcaillou, J., J. Roux* et *M. Brodsky:* La station de traitement des effluents du Centre d'études nucléaires de Cadarache, nouvelle installation industrielle du Comissariat à l'Energie Atomique. Proc. Vienna Conf. *1965*, 71—81.

56. *Marchand, B.:* Über die Entaktivierung (Dekontamination) radioaktiv verunreinigter Abwässer. Kerntechnik *3*, 193—200 (1961).

57. *Milone, M., G. Cetini,* and *F. Ricca:* Elimination of Traces of Radioactive Elements from Aqueous Solutions. Proc. Geneva Conf. *18*, 133 bis 137 (1958).

58. *Moore, R. L.,* and *R. E. Burns:* Fission-Product Recovery from Radioactive Effluents. Proc. Geneva Conf. *18*, 231—236 (1958).

59. Nucleonics: News in Brief: West Coast Firm Attacks AEC Waste Disposal Policy. Nucleonics *18*, 30 (1960).

21*

60. — Nucleon. News: Industry's 1st Land-Waste-Burial Facility Begins Operation. Nucleonics *20*, 22—23 (1962).

61. *Parker, F. L., W. J. Boegly, R. L. Bradshaw, F. M. Empson, L. Hemphill, E. G. Struxness,* and *T. Tamura:* Disposal of Radioactive Wastes in Natural Salt. Proc. Monaco Conf. *2*, 365—384 (1959).

62. *Parker, H. M., R. F. Foster, I. L. Ophel, F. L. Parker,* and *W. C. Reinig:* North American Experience in the Release of Low-Level-Wastes to Rivers and Lakes. Proc. Geneva Conf. *14*, 62—71 (1964).

63. *Pilkey, O. H., A. M. Platt,* and *C. A. Rohrmann:* The Storage of High-Level-Radioactive Wastes. Design and Operating Experience in the United States. Proc. Geneva Conf. *18*, 7—18 (1958).

64. *Plesch, R.:* Die Abgabe radioaktiver Stoffe in Abwässerkanäle und oberirdische Gewässer. Atomkernenergie *7*, 224—229 (1962).

65. *Raggenbass, A., M. Quesney, J. Fradin,* and *J. Dufrene:* A Pilot Unit for the Separation of Cesium-137. Proc. Geneva Conf. *18*, 210—218 (1958).

66. *Richter-Bernburg, G.:* Subterranean Disposal of Radioactive Waste in Cavities Made in Salt Formations. Proc. Geneva Conf. *14*, 352—360 (1964),.

67. *Riezler W.,* u. W. *Walcher:* Kerntechnik, 950—952. Stuttgart 1958.

68. *Robien, E. de, J. Pomarola* et *M. Brodsky:* Expérience acquise en matière d'évaporation d'effluents radioactifs liquides et de solidification des boues d'évaporation aux Centres d'études nucléaires de Fontenay-aux-Roses et Grenoble. Proc. Vienna Symp. *1965*, 279—290.

69. *Rodier, J., M. Alles, P. Auchapt* et *G. Lefillatre:* Solidification des boues radioactives par le bitume. Proc. Vienna Symp. *1965*, 713—729.

70. *Sachse, G.,* u. *R. Winkler:* Grundzüge der Behandlung radioaktiver Abfälle unter Berücksichtigung der Situation in der Deutschen Demokratischen Republik. Kernenergie *4*, 629—632 (1961).

71. *Smit, J. van, R. W. Robb,* and *J. J. Jacobs:* AMP-Effective Ion Exchanger for Treating Fission Waste. Nucleonics *17*, 116—123 (1959).

72. *Starke, K.,* u. *Ch. Quecke:* Dekontamination radioaktiver Lösungen durch magnetische Adsorbentien. Atompraxis *12*, 503—508 (1966).

73. *Szalay, A.,* and *M. Szilágyi:* Retention of Fission Products by Peat Humic Acids, a New Possibility in Waste Water Treatment. Proc. Geneva Conf. *14*, 361—368 (1964).

74. *Thomas, H. C.:* Some Fundamental Problems in the Fixation of Radioisotopes in Solids. Proc. Geneva Conf. *18*, 37—42 (1958).

75. *Van de Voorde, N.,* et *P. de Jonghe:* Insolubilisation de concentrés radioactifs par enrobage de bitume. Proc. Vienna Symp., 1965, 569—597.

76. *Watson, L. G., R. W. Durham, W. E. Erlebach,* and *H. K. Rae:* The Disposal of Fission Products in Glass. Proc. Geneva Conf. *18*, 19—26 (1958).

77. *Winkler, R.:* Die Adsorption von Zirkon- und Rutheniumverbindungen an Torf. 2. Mitteilung. Isotopentechnik *2*, 50—54 (1962).

78. —, u. *J. Gens:* Die Eignung von Torf für die Reinigung radioaktiver Abwässer. 1. Mitt.: Torf als Kationenaustauscher. Isotopentechnik *1*, 219—221, 246—247 (1960/61).

79. *Winsche, W. E., M. W. Davis jr., C. B. Goodlett jr., E. S. Occhi-Pinti,* and *D. S. Webster:* Calcination of Radioactive Waste in Molten Sulphur. Proc. Vienna Symp. *1962*, 195—216.

80. *Wormser, G., J. Rodier, E. Derobien* et *N. Fernandez:* Amélioriation apportées aux traitements des residus radioactifs. Proc. Geneva Conf. *14*, 219—227 (1964).

81. *Wyatt, E. I.,* and *R. R. Rickard:* The Radiochemistry of Ruthenium
13. Washington 1961.
82. *Zeitlin, H. R., E. D. Arnold,* and *J. W. Ullmann:* Economics of Waste
Disposal. Nucleonics *15,* 1958—1962 (1957).
83. *Zimakov, P. V.,* and *V. V. Kulichenko:* Some Questions on the Fixation
of Radioisotopes in Connexion with the Problem of their Safe Burial.
Proc. Monaco Conf. *1,* 441—447 (1959).

Eingegangen am 14. Dezember 1966